Le grain de l'avenir

도시인들에게 들려주는 농업 이야기

울력해선문고 02

미래를 살리는 씨앗

조제 보베 · 프랑수아 뒤푸르 지음

김민경 옮김

울력

미래를 살리는 씨앗 (울력해선문고 02)

지은이 | 조제 보베, 프랑수아 뒤푸르
옮긴이 | 김민경
펴낸이 | 강동호
펴낸곳 | 도서출판 울력
1판 1쇄 | 2006년 11월 20일
등록번호 | 제10-1949호(2000. 4. 10)
주소 | 152-889 서울시 구로구 오류1동 11-30
전화 | (02) 2614-4054
FAX | (02) 2614-4055
E-mail | ulyuck@hanafos.com
값 | 11,000원

ISBN | 89-89485-47-9 03520
       978-89-89485-47-6

· 잘못된 책은 바꾸어 드립니다.
· 옮긴이와 협의하여 인지는 생략합니다

Le grain de l'avenir

차례

서문 · 7

들어가며: 농업 재건을 위한 전략을 찾아서 · 13

1. 장소에 관한 추억 · 21

2. 색안경을 낀 도시인 · 33

3. 농민은 어디 있는가? · 39

4. 영광의 시절의 소용돌이 · 55

5. 공동농업정책의 실제 비용 · 69

6. 저질 먹을거리에서 "양질의 먹을거리"로 · 85

7. 경제적 난센스와 생태학적 착오 · 95

8. 농업의 "타이타닉호" · 105

9. 어떻게 위기에서 벗어날 것인가. 진단과 응급처치 · 115

10. 전염병으로부터 어떤 교훈을 얻었는가 · 149

11. 잘못된 먹을거리와 운 좋게 얻은 품질 보증 라벨 · 159

12. 지주, 농민, 정치가, 땅은 누구의 것인가? · 185

13. 타락한 세계화에 반대하여 · 199

14. 만약 전 세계의 농민들이 · 209

15. 평화를 갈구하는 시민들의 무기 · 225

16. 농업은 휴머니즘이다 · 241

17. 어린이들에게 농업을 어떻게 가르칠 것인가 · 247

18. 공공 연구의 의무 · 259

19. 농업에 대해 고민하는 조합들과 세계의 작업장 · 259

20. 지혜로운 농부의 덕목들 · 277

21. 농업 헌장과 인간의 권리와 의무 선언을 위하여 · 291

결론: 식량 전쟁은 일어나지 않으리 · 295

옮긴이의 글 · 297

알아두어야 할 어휘들

· PAC: 공동농업정책(CAP)

· WTO: 세계무역기구(OMC)

· OCM: 공동시장기구

· CTE: 경작지 협정, 경영국토계획

· GAEC: 공동경작단체

· SAFER: 농촌건설 토지정비회사

· GATT: 관세 및 무역에 관한 일반 협정, 1947년

· FAO: 유엔 식량농업기구

· AB: 유기 농산물 표시로 "레드 라벨"과 구분된다.

· AOC: 원산지 표시 규정

· CA: 식품 규격 위원회. WHO와 FAO에 의해 공동으로 설립되었으
    며, 소비자 건강 보호와 식품거래에서 실행되는 사항들을 보장
    하기 위한 규정과 지침을 설정

· WHO: 세계보건기구(OMS)

· BSE: 소의 다공성 뇌질환(광우병)

· FNSEA: 농업경영자조합 전국연합.

· 다단백질 식물: 콩과 식물처럼 단백질과 전분이 풍부한 식물

· 콩과 식물: 깍지가 있는 열매가 열리는 식물

· 화본과 식물: 벼, 보리, 옥수수, 귀리, 밀 등의 벼과 식물

일러두기

1. 이 책은 José Bové & François Dufour의 *Le grain de l'avenir* (Plon, 2002)를 완역하였다.

2. 이 책은 원서의 체제를 따랐으며, 본문 중 이텔리체로 표시된 부분은 중고딕체로 표시하였다.

3. 본문의 각주는 모두 옮긴이의 것이다.

4. 원서 부록에 있는 유럽 농업 관련 도표는 우리와 별로 관련이 없어 생략하였다.

5. 본문 중 약어는 책 앞에 있는 "알아두어야 할 어휘들"을 참고하기 바란다.

서문

오랫동안 하나의 사회적 집단을 이루어 왔던 농업계는 현대 사회에서도 그 자리를 지키고 있다. 그러나 대다수의 도시인들은 농촌에 대해 "주말에나 찾아가는 곳"이라는 왜곡된 이미지를 가지고 있는 것 같다.

정원 가꾸기, 캠핑 트레일러를 타고 떠나는 시골 여행, 작은 별장을 이용한 외식 산업, 자연 공원, 친환경 상품, 농촌의 유물을 파는 골동품상, 여러 종류의 친환경 상표에도 불구하고, 도시인들은 정작 농촌의 현실과는 단절되어 있다. 자연재해와 먹을거리에 대한 불안이 커져가자 어쩔 수 없이 땅과 마주할 수밖에 없는 도시인들은 당황스럽고 무기력한 상태이다.

건강에 좋은 음식을 먹는 것은 쉬운 일이 아니며, 더구나 전 세계인 모두가 잘 먹을 수는 없는 일이다. 먹을거리를 선택하는 데는 지식과 정보가 필요하다. 또한 양질의 먹을거리는 문화의 문제이기도 하다. 맛은 사람들의 선택 여하에 따라 제대로 만들어지기도 하고 변형되기도 한다. 도시의 소비자들이, 우리의 삶과 우리 사회의 미래를 구속하게 될 농업에 관해 열린 논쟁을 지속할 힘이 없다면, 자유로운 소비 행위를 하기는 어려울 것이다. 약자略字들, 통계 수치, 복잡한 행정, 로비, 기존의 세력 기반 같은 것들의 이면에 있는 어떤 불투명한 막이 우리를 현실로부터 차단할 것이다. 과연 어떤 조작이 진행되고 있으며, 어떤 진실이 감추어져 있는 것일까! 어떻게 상투적인 정치 선전 구호와 기술 관료들의 말을 명쾌하게 해석하고, 정치가와 조합주의자의 거짓말을 밝혀 낼 것인가? 부정적인 이미지와 뿌리 깊은 불신으로 농민과 도시인의 관계가 변질되었으며, 서로 이해하기 어려운 상황에 처해 있다.

과연 누가 제대로 된 기반 위에 농업을 다시 세울 것인가? 도대체 누가?

여기에 땅과 흙의 두 사람, 조제 보베와 프랑수아 뒤푸르가 있다. 그들은 함께 투쟁하며 미래를 건설할 준비를 했고, 소비자인 도시인과 농민 사이의 신뢰를 회복시키고자 노력했다. 같은 세대인 그들은 상호 보완적인 서로의 경험을 공유하며, 자신들의 노력을 하나로 합치려 했다. 가축을 사육하는 조제 보베는 버려진 땅에서의 농부의 부활, 새로운 방식의 경작, 전국 농민들과의 연대에 대하여 열중했다. 또 한 사람, 대대로 농업에 종사한 농민의 아들인 프랑수아 뒤푸르는

처음에는 생산주의 농업에 종사했으나 뒤에 유기 농업으로
전환했다. 무엇보다 두 사람 모두 기꺼이 서로의 의견을 나
누었다.

　그런데 그들과 나의 여정은 과연 어디에서 하나로 합쳐
졌는가? 우리의 길은 서로 어떻게 만났던가? 그들은 왜 나와
이야기를 나누었는가? 지금부터 프랑스의 농촌에서 온통 진
흙투성이가 된 파리의 소년에 관한 이야기를 시작해 보겠다.
1940년, 사브와 주 모리엔느의 외딴 마을에서 피난 중이던 그
소년은 오두막 앞에 있는 말라빠진 쇠똥을 보았다. 그리고
마치 축사 같은 그 안에서 상자 모양의 침대를 발견했다. 그
후 그는 일-드-프랑스로 돌아와 식량을 배급받던 시절을 보
내면서, 농장에서 식량을 자급자족하는 법을 알아갔다. 부르
주아 식 정원에서 토끼 몇 마리를 기르고, 커피 빻는 기계에
밀을 빻는다. 그는 부엌에서 밀방망이로 반죽을 밀고, 그것을
얇게 썰어 국수를 만들었다. 전쟁 후에 그는 타랑테즈의 산
꼭대기를 오르다가 안개 속에서 들리는 방울 소리에 이끌려,
가파른 비탈에서 풀을 뜯는 가축들에게 다가가기도 했다. 어
느 여름 날, 폭풍우가 바누아즈의 산꼭대기에 몰아쳤다. 그는
우연히 치즈 만드는 곳으로 몸을 피했으며, 거기에서 톰
tomme이라 불리는 사브와 산産 치즈 제조 과정을 보았다. 그
젊은이는 농가에 머무르며, 자전거로 평지에서 산악 지방을
거치는 프랑스 일주를 시도했다. 그는 다양한 생산 형태를
보았으며, 고도에 따라 농촌의 상황이 달라지고, 생활수준 차

이가 심해진다는 것을 알았다.

영화 속에서도 땅은 사람들의 터전이었다. 어떤 땅이 죽어 가는가? 마르셀 파뇰Marcel Pagnol의 작품이나 서부 영화 속의 농부들은 나막신을 신은 파르비크나 아르브르의 정착민들보다 땅에 무관심한 것처럼 비춰진다. 그러나 그들 모두 끊임없이 농사에 열중한다.

화면 뒤에 숨겨져 있던 것들이 차츰 드러난다. 화면에서 보여지는 노동에 대한 찬사, 향수, 민속도 더 이상 착취당해 온 노동의 반란을 감추지 못한다. 수확 축제나 시골의 결혼식은 즐거운 한때에 불과했으며, "분노의 포도"의 시절이 온다. 기술 혁명과 농업 관련 기업의 "영광"으로부터 소외당하여 산업 단지로 집단 이주하는 사람들의 행렬로 인해 농촌의 공동화가 발생한다.

1968년 5월 혁명 이후에 학생들은 르라르자크 고원의 점거, 귀농, 도시 근교의 도농都農 복합화, 정치화 이전의 완고했던 생태학적 영향력에 주의를 기울인다. 이때가 바로 유럽의 유산인 르와르 강에 운하가 파일 위험에 처했던, 르와르 투쟁의 시기이다. 그들은 농촌 지역의 균형을 파괴하고 농민 없는 농업을 획책하려 한 건축업자, 국토 개발업자, 부동산업자, 테크노크라트들과 싸움을 벌였다.

저널리스트가 된 그는 아프리카, 동남아시아, 라틴아메리카 등에 대해 기사를 썼다. 그는 도쿄, 카이로, 멕시코, 홍콩, 뉴델리의 바쁜 사람들에게 몰두하기도 했지만, 그의 기억을 사로잡은 것은 메갈로폴리스의 수감자들보다는 시골의

노예들이다. 산에서 벼농사를 짓던 태국의 농부들, 모리스 섬
에서 사탕수수를 수확하던 세네갈의 월로프 족 사람들, 일본
의 수산 양식업자, 보르네오 숲으로 이주한 자바인들, 북아프
리카 구릉지의 수단 목축민들, 아틀라스 산맥의 올리브 수확
자들⋯ 그리고 전 지구 인구의 3분의 1이 여전히 농촌에 정
착하고 있다는 사실을 어떻게 간과할 수 있겠는가? 그가 보
기에 세계는 여전히 정복당한 사람들이 모여 사는 곳이다.

　내 안에 각인된 이러한 이미지는 어느 날 조제 보베와 프
랑수아 뒤푸르의 인생행로와 마주쳤고, '아이기도 생디칼
aikido syndical'[1]이상의 그들의 담화를 뒤따라갔다. 문제를
지나치게 단순화시키지 말며, 성급한 판단을 자제하자. 이 책
은 농민연맹의 선언에 관한 글이 아니라 커져가는 식량 불안
을 극복하고, 사람들이 사는 세상에 믿음과 연대감을 다시
회복하는 데 도움을 줄 것이다.

　사실 우리에게는 가족농업의 새로운 방법을 제시한 이러
한 책이 필요했다. 우리는 풍경을 바라보고, 지역 활동을 찾
아내고, 자연 친화적인 생활을 이해하고, 동물군에 접근하고,
지역의 기후를 익히고, 자연의 위험을 예방하는 데 큰 관심
을 기울이고, 관찰력을 키우고, 전문 지식으로서 노동의 개념
을 다시 찾고, 땅에서 수확한 생산물에서 문화적 · 경제적 부
가가치를 찾아내는 건설적인 시각을 필요로 하고 있었다. 농
민의 경험과 추억에 대해 무지한 것은 교양이 없는 것이다.

---

1. 조제 보베는 자신의 불복종, 비폭력 전략을 가리켜 '아이기도 생디칼'이라고
　말했다. 철저하게 방어 중심적인 무술인 아이기도(합기도)를 염두에 둔 듯하다.

도시인들은 조종당하지 않는 능동적인 소비자가 되기 위하여, 위기의 원인과 과거의 잘못을 되풀이하지 않는 방법을 전해 주는 치열한 논쟁의 자료를 손에 쥐고 있어야 하며, 아이들에게 그들의 문화 전반에 부족한 것들을 전달해야 하는 것이다.

이러한 점에서 이 책은 "공공의 이익"에 관한 것이다. 우리의 아이들은 우리가 어디에서 왔는지, 깊은 유대 관계란 무엇인지, 프랑스가 어떻게 농촌 사회에서 후기 산업 사회로 이행했는지 알게 될 것이다. 그리고 그들이 지식, 농업의 계승, 자연과의 관계라는 농민 유산의 문화적 가치를 지켜 나간다면, 우리에게 어떤 미래가 예정되어 있는지를 질문할 것이다.

앙드레 쿠탱

농업 재건을 위한 전략을 찾아서

농업은 물이 반쯤 들어 있는 컵과도 같다.

시골 별장에서 주말을 보내는 프랑스의 "직장인들"은 최근의 정부 발표를 보고, 농민들이 건강해졌다고 선뜻 믿어 버릴지도 모른다.

농장에 쌓인 도축된 양들을 보며 침통해하던 모습이나 손님에게 외면당한 정육점을 너무나 빨리 잊어 버리고, 소 전염병인 아프타열의 확산이 저지되자, 쇠고기 소비는 광우병 공포 이전과 거의 같은 수준을 회복했으며, 양돈 관련 산업 종사자들도 이 위기를 이용했다. 농업부 장관의 말처럼, 프랑스의 식품 안전성은 전 세계에서도 모범적이다. 농장은 상당히 잘 정비되어 전문적으로 관리되고 있으며, 계절 노동자들이 아닌 정규 노동자들을 고용하고 있다.

이 기분 좋은 통계에 의하면, 2002년의 농민은 선배들보다 더욱 젊어져, 평균 연령도 낮아졌다. 농민의 53%가 50대였던 12년 전에 비하여 현재는 43%만이 50대이다. 21세기 농업 관련 기업의 규모는 1988년에 비하여 1.5배 커졌다. 치밀히게 계획되고, 공간을 절약하는 축산은 여분의 땅을 다른 곡물 경작지로 전환할 수 있게 했다.

　이러한 통계를 보면서, 그 이면을 모르는 사람들은 안심할 것이다. 그러나 현실적으로 거기에는 사회 문제, 생태 재난, 위태로운 위생 환경, 재정 낭비 등이 감추어져 있다. 그렇지만 조금만 자세히 살펴보면, 농민, 소비자, 납세자, 유럽의 전 시민들에게 최고의 세상을 약속했던 공동농업정책이 실패하여 그들을 궁지로 몰아넣고 있다는 것을 어렵지 않게 확인할 수 있다.

*

　신뢰와 만족감은 치명적인 오진으로 얻게 된 셈이다.

　현대화의 선두에 섰던 농장들은 뜻대로 나아갈 수 없었으며, 더 이상 방향 설정도 할 수 없었다. 과도하게 전문화를 추진했던 농장은 외부의 지침과 강제 규범에 따라야 했으며, 결국 농식품 산업의 고용인이 되었다. 생산 제일주의 시스템으로 인하여 농민은 오래도록 채무자로 남아 있어야 했으며, 은행의 관리를 받았다.

　농장 규모의 확장은 다양한 작물을 생산하고 다기능을 실천하는 소농장의 희생을 발판으로 삼았다. 테크노크라트들은 두서너 명의 공동 경영인에 의해 관리되는 기업형 농장의 성과를 높이 평가한다. 그들은 "주부들이 농장 일에서 자유로워졌다"라고 말한다. 마을의 고용이 감소하고 가내공업이 사라지는 것이 사회의 진보와 문화적 성숙을 의미하는가? 그리고 이것은 어떤 경제적 이득을 가져오는가? 시장 논리에 따르는 농장들은 단일 경작을 하기 때문에 오히려 쉽게 공격받고, 끊임없이 파산 위기에 내몰린다. 그렇다면 도시인들에게는 어떤 이익이 있다는 말인가? 새로 시행되는 농업 방식이 환경에 해를 입히고, 건강을 위협하고 있는데 말이다.

해를 거듭할수록 자산은 감소하고, 농업 인구는 줄어들며, 농촌 공동화는 증가한다. 토양은 황폐화되고, 보호 지역의 수질은 오염되고, 약해진 집약 축산 가축들은 전염병에 보다 쉽게 노출된다. 농민 공동체는 수입에 따라 격차가 심해지고, 소비자의 신뢰는 감소하며, 납세자는 정부의 농업 보조금 지출로 세금 부담이 증가하는 것을 염려한다. 복잡한 법규, 난해한 신기술, 불투명한 상업 전략 등은 책임자와 농민들 사이에 어두운 막을 드리우고 있다.

이러한 현실과 단절된 도시인들은 지금도 생명체들 간의 유대 관계를 모르고 있으며, 진짜 문제점이 무엇인가 제대로 평가하지 못하고 있다. 따라서 결정권을 가진 몇 사람이 우리 아이들의 미래를 좌지우지하고 있는 셈이다.

사회적 긴장감 때문에 농민의 이미지가 왜곡되었다. 도시인들이 보기에, 우리 농민은 불평 많은 빈민이며, 환경오염의 주범이자 말썽꾼이다. 또한 농민은 손댈 수 없는 압력 단체의 일원이며, 질서를 무너뜨리는 요인이며, 젊은 세대와 소통할 수 없는 시대에 뒤떨어진 보수주의자인 것이다.

사람들은 농민들이 질 것이 뻔한 싸움을 하는 이면에는 무엇인가가 있을 것이라고 농민들을 비난한다. 그러나 농민들은 미래를 약속하는 가치를 지키기 위해 건설적인 저항에 참여하고 있는 것이다.

이제 농민은 더 이상 고립되어 있지 않다. 느리지만 지속적인 운동에 협력자가 생겼으며, 우리는 그것을 시민의 부활이라 말한다. 그것은 거대한 희망을 실어 나르는 물결이다. 시민 사회는 다시 스스로의 운명을 책임지기로 했다. 그들을 전폭적으로 지지하고, 그들에게 "유효표"를 던져야 할 것이다. 아직 실망하긴 이르다. 유럽에서 농민은 소수 집단에 속하지만, 그들의 발언은 시민 사회에서 다수의 지지를 얻어낸다. 따라서 행동하는 소수는 녹색 혁명을 전파할 수 있다. 불씨 하나가 광야를 태울 것이다. 사회의 세계화는 경제와 금융의 세계화에 대응할 것이다.

평화적인 이 운동의 무기는 지속적인 정보와 끝없는 논쟁이다. 시민이 다시 역사의 주역이 되고자 하는 바로 그 순간부터, 거짓이 전파되고 다수의 판단과 의견이 왜곡되는 것을 참지 않을 것이다. 누가 아직도 농민을 소수라 하는가? 프랑스의 농민이 경제 활동 인구의 4%도 차지하고 있지 않지만, 세계 인구의 60%는 여전히 농촌 주민이다. 그리고 사람들이 동등한 힘의 관계에 대해 큰 관심을 가지는 것은 세계적인 현상이다.

농업은 논쟁의 중심에 있으며, 또한 인간이 지구 위에서 차지하는 공간의 범위를 결정하기도 한다.

*

영광의 30년[1] 동안에 우리는 농업의 진정한 의미를 등한 시했다. 농업은 환상 속에서 그저 기계화되었고, 주식 시장에 상장된 기업의 부수물이 되었다. 하지만 농업은 사람을 필요로 한다. 기계가 사람을 모두 대신할 수는 없다. 젊은 세대가 변화시킬 세계는 우리가 농업을 통해 이루고자 하는 세계가 될 것이다. 현대화는 앞을 내다보며 어제의 잘못을 되풀이하지 않고, 안데르센 동화에 나오는 피리 부는 사나이가 온 시골마을 아이들을 강으로 몰아넣었던 것처럼, 유혹당한 사람들을 함정에 빠뜨리지 않는 것이다.

농업을 변질시키고자 했던 기반 기술 들은 문제를 극복하지 못하고 무능력을 드러냈다. 사물은 본질적으로 스스로 기운을 회복하는 법이다. 시민 사회는 기본적인 식생활 문제로 다시 돌아오고자 한다. 따라서 우리는 예정된 최후의 순간, 즉 소수의 필연적인 소멸에 맞설 것이다.

"도시 사람과 시골 사람" 사이의 진실한 대화에 참여하기 위하여, 그리고 도시인들과 농촌 사람들을 공동체이자 가

---

1. 1945-1975년 사이의 경제적 급성장 시기. 그중 1960년대는 산업 국가들 모두 가장 번영했던 10년으로, 영광의 30년의 상징이다. 프랑스는 이 기간 동안 해마다 5%씩 국내 총생산이 증가했다. 프랑스 경제는 영광의 30년 동안 GATT 와 공동시장기구의 원칙에 따르는 유럽과 전 세계의 경쟁에 빠져들었다.

족으로 생각하기 위하여, 지표이자 기준, 기준이 되는 지식, 그리고 여러 영역에 걸친 접근은 필수적이다. 그렇지 않으면 개인이 상표, 품질 보증 라벨, 사용법, 공식적인 지침들을 해석할 때 본질적인 내용을 간과하게 되며, 정확한 문제의식을 가지고 소비하고, 투표하고, "예"나 "아니요"라고 말하기 어렵다. 더불어 농학 말고도 역사, 지리, 자연과학, 인문과학 등에도 관심을 가져야 한다.

기억을 되살리려는 노력, 어휘의 재검토, 최소한의 과학 지식은 농업을 세계 사회의 중심에 위치시키려는 민주적 논쟁에 참여하기 위한 필수 요소이다.

도시가 지속적으로 확장되면서 증가하는 세계 인구는 그 속에 포함된다. 2000년 현재, 인구가 천만 명 이상인 도시는 50여 개로 조사되었다. 현대 도시는 자동차를 위하여 건설되었다. 우리는 시속 100km 이상으로 속력을 내는 자동차를 타고 달린다. 들판을 둘러볼 여유도 없이 끝없이 펼쳐진 교외를 달린다. 상업과 비즈니스가 늘어나면서 수도는 역사의 중심에서 사라졌다. 남북 아메리카 대륙, 그리고 중국과 일본에서 직선의 거대 도시들은 고속철도 노선을 따라 펼쳐졌으며, 옛 도시 주변에는 거대한 콘크리트로 이루어진 위성 도시들이 형성되었다. 아무리 조상들이 농업 세계를 건설했다고 할지라도, 그곳에서 살아가는 사람들이 무엇을 알 수 있겠는가? 오늘날 산업 국가에서 도시인들은 정원을 가꾸거나 주말에 자동차를 타고 일상에서 탈출하지만, 아무리 환상이나 인공물을 동원하더라도 농촌의 현실과 단절된 채 살아갈 수밖에 없다. 우리가 참된 농촌 생활을 알 수 있는 곳은 전원 레스토랑이 아니라 농장이다.

오로지 소비자라는 생각만을 가지고 시골집에서 잠을 자고 지방 공원을 둘러본다면, 농민들은 방문자들을 즐겁게 하기 위해 자신들의 삶의 터전을 인위적으로 꾸미려 할 것이다. 어린이들로 하여금 골동품을 대하듯 농촌을 접하게 하고 도시의 생태 박물관을 의무적으로 방문하게 한다면, 마침내 그들은 과거의 농촌 운동을 잊은 채 민속 축제를 보기 위해 나들이옷을 차려 입는 데만 정신을 팔게 될 것이다.

폭풍우, 침수, 숲의 화재, 큰 가뭄, 그리고 전염병이나 집단 식중독이 일어나면, 도시인들은 눈앞에서 또는 텔레비전 앞에서 속수무책인 채 끔찍한 재난을 목격하게 될 것이다. 기초 지식도 없고 중요한 자료를 주의 깊게 살펴보지도 않는 중재자들이 방영할 영상을 선택하고, 논평을 한다. 그들은 국민들에게 왜곡되고 단순화된 프리즘을 통하여 살아 있는 것들을 보도록 한다. 천재지변과는 별개의 농업 문제로 절망에 빠진 농업 경영인들이 시위를 한다. 어떤 분석을 내놓아도 이런 동요를 잠재울 수 없다. 농민의 경험을 바탕으로 이러한 비극의 원인을 파악하지 않는다면, 어떻게 심각한 위기를 이해하고 가능한 해결책을 내놓을 수 있겠는가? 텔레비전 시청자들은, 농민이 최소한의 과학적 농업과 그 실행 방법에 의지하지 않고 그들에게 식품 안전성, 유제품 생산 쿼터제, 동물성 분말 사료, 광우병, 아프타열, 특히 유전자 변형 농산물에 대하여 이야기한다면, 상황을 제대로 이해하지 못할 것이다.

농업이 상류(생산지)와 하류(생산 이외의 가공, 유통, 소비)의 고질적인 문제들을 젊은 세대에게 제기하지 않는다면, 우리는 그 문제를 파악할 수 없다.

수천 년 동안 가꾸어 온 땅과 들판에는 다양한 경험이 담겨 있다. 우리는 과거의 흔적을 돌아보지 않고 미래를 예상하거나 준비할 수 없다. 또한 농부의 경험과 추억을 알지 못한다면, 도시인은 농업 관련 기업의 로비에 넘어갈 수밖에 없을 것이다. 복잡한 공동농업정책의 숲을 쉽게 헤쳐 나갈 수 있는 어떤 지표를 설치하지 않는다면, 우리는 거짓말과 조작에 무너질 것이며, 다시 시작된 생태학에 관한 담론은 세계화라는 미명 아래 함정에 빠지고 말 것이다. 이 책에는 독자들을 이 시대의 중대한 논쟁에 참여시킨다는 교육적이고 민주적인 목표가 있다. 너무나 오랫동안 그 문제에서 멀어져 왔지만, 이제 다시 그들이 당사자가 되어야 한다. 바로 "행동하는 소비자" 말이다.

1. 장소에 관한 추억

    1930년, 프랑스의 농촌 모습은 큰 변화 없이 18세기 전통을 그대로 유지하고 있었다. 프랑스인 두 명 가운데 한 명은 시골에 살고 있었다. 농사를 짓는 400만의 골수 프랑스인들은 밭고랑 사이로 난 길을 왕래했으며, 마을 규모에 따라 살아가고 있었다. 행정 구역상 지역 규모는 걸어서 반나절도 안 되는 거리였으며, 경작지는 정부의 권한에서 벗어나지 않았다. 공화국 정부는 농민들을 믿었으며, 마을이나 지방의 시장 또는 농업 공진회에서 그들과 만났다.

    2차 세계대전 직후에, 초등학생들에게 농민에 대하여 무엇을 가르쳐 주었는가? 거기에는 농노의 신분, 십일조, 간접세, 농민 폭동, 절기에 따른 농사일과 음력, 지주와 소작인들 사이의 교류와 갈등, 봉건 체제의 종말, 전염병, 대공황, 교사 단체가 있으며, "농민들에게 공화제라는 나막신을 신겨라. 그러면 공화제에 저항하지 못할 것이다"라는 정치 이념을 주창했던 강베타Gambetta[1]도 있다. 이후 나치 독일의 점령 하에 있으면서, 농민은 농사와 목축이라는 두 가지 양식을 찬양했다. 반면에 도시인들은 농촌을 식량을 얻는 곳 정도로 생각했다.

프랑스 농민들은 19세기를 지나면서 처음으로 토지 소유권을 획득했다. 38%의 농민들이 겨우 2.5%의 토지를 소유했다. 관리인이나 차지농들이 막대한 농촌의 땅을 소유했으며, 반면에 농업 노동자들은 얼마 안 되는 땅을 조금씩 늘려 나갔다. 제2제정기(1852-1870)에 농촌의 생활 조건은 조금씩 나아졌다. 철도가 생기고 도로망이 늘어감에 따라 농촌은 고립에서 벗어났다. 농업이 기계화되었어도 노동력은 줄어들지 않았다. 우리는 이때를 땅의 황금시대라 불렀다.

제3공화국 시기(1870-1940)에는 소지주제가 생겼으며, 농민에게 사회적 지위가 부여되었다.

1992년, 경작 가능한 농지 5,300만 헥타르 가운데, 4,500만 헥타르를 농민이 소유했지만, 그렇다고 해서 토지 소유권을 보유하고 있는 사람이 경작자는 아니었다. 2002년, 경작지의 10%에서 농업 수익의 66%가 발생했으며, 50%의 경작지에서는 5% 정도의 수익만을 얻어냈을 뿐이다.

20세기에는 대규모 이농 현상이 나타났다. 이러한 움직임은 이미 19세기 프랑스 혁명기의 망명(1865년 130,000명 망명)을 통해 시작되었다. 르네 바쟁René Bazin은 자신의 소설

---

1. 1838-1882. 프랑스 정치인. 변호사였으며, 프랑스 제3공화국 시절 내무부 장관을 지냄. 1871년 『프랑스 공화국』이란 신문을 창간하기도 함.

『죽어가는 땅*La terre qui meurt*』에서 이러한 모습을 잘 드러냈다. 1900년대에 농민들의 수는 많지 않았으며, 연장자들이 땅을 소유하고 있었다. 농업 노동자들의 숫자가 줄어들어 1인당 수익의 감소를 상쇄했다. 1930년대가 되자, 작은 시골마을에 전기가 들어왔다. 농촌을 생각할 때, 나무로 만든 물건이 여기저기 놓인 농장의 모습이나 석유램프 아래에서 소박하게 생계를 꾸려 나가는 가족의 모습을 떠올리는 것은 이미 시대착오였다. 전국 어디에서나, 농업은 동네 일자리를 만들어 내고 유지하는 역할을 했다. 페르낭 브로델Fernand Braudel의 로렌느 마을에서는 9명의 장인이 200명의 주민을 위해 일했다. 가구장이, 목수, 수레나 바퀴 제조공, 제철공, 쟁기와 마차 수선공, 통 제조공, 기와장이, 기와 제조공, 직조공, 마구 제조공, 땜장이, 바구니 제조공, 나막신장이, 우물 파는 인부, 두더지 사냥꾼, 수맥 탐사가 등 농장 일에 익숙하지 않은 사람들은 주변의 일을 했다.

그 어떤 지리학자나 역사가도 농민들의 끈기 있는 노력이 담긴 작품에 이의를 제기할 생각을 하지 못할 것이다. 아무리 작은 마을에 살아도 프랑스 농민 모두는 프랑스 풍경의 창조자 ─ 수리공이 아닌 창조자 ─ 이다. 반세기 전의 초기 항공사진들을 보면, 프랑스 서부의 평원, 밭, 큰 숲의 개간지들이 바둑판 모양으로 정리된 모습을 발견할 수 있다. 자동차나 자전거를 이용하여 꾸불꾸불한 길을 갈 때, 길이나 도로의 아치 모양 다리를 건널 때, 개간된 숲을 지날 때, 또는 울타리 사이 움푹 팬 길을 지날 때면 우리는 자연의 수많은 노고에 감사한다. 산천의 굴곡에 따라 드러나고 사라지는 그늘과 햇빛, 바람과 흐르는 물 같은 것 말이다. 농부들은 땅이 제아무리 메마르고 척박하다 할지라도 그것을 최대한 이용할 줄 알았다. 늪지는 말라 버렸지만, 농부들은 황토 고원 지역에 씨를 뿌렸고, 작은 언덕을 계단식으로 일구어 포도나무를 심었으며, 목장은 다시 풀로 뒤덮였다. 다품종 경작지는 훌륭한 화가의 물감 팔레트 같다. 단일 경작을 하는 적막한 평원도 아직은 거대한 미국 서부식 사일로들, 창고, 돼지 감옥, 닭 생산 공장, 줄지어 서 있는 고압선 철탑, 고속도로망, 광대한 밀밭, 잎이 무성하지 않은 북미산 소나무와 독일 가문비나무, 비닐하우스, 하수 처리장, 황무지들로 획일화되지는 않았다.

영광의 시절에 도입된 농업의 기계화는 상부상조하며 일하던 모습을 순식간에 사라지게 했고, 경작지에서의 농사일도 줄여 주었다. 처음에 농기계를 사용했던 세대는 농가의 생활 조건을 개선했는지도 모른다. 그러나 곧 더욱 거대해진 농장에 적합한 더 강력하고 성능 좋은 기계들이 시장에 선보였다. 유럽 농업 공동체에서 트랙터는 마치 독일군의 전격전 blitzkrieg에서 전차가 했던 것과 같은 역할을 했다.

제2차 세계대전이 끝났어도 식량 배급에 종지부를 찍지 못했다. 재건 과정에서 제4공화국(1946-1957)은 농민들에게 스스로의 노동을 통해서 국민의 식량 자급을 책임질 것을 요구했다. 그들 모두 힘을 합쳐 국익을 위한 이러한 임무를 성공적으로 완수했다.

*

1960년대까지 땅을 지킨 농부의 후손들은 점차 현대화된
농촌 공동체에서 가족 단위의 농장이 초기 기계화 농업과 결
합해 안정된 삶의 단위로서 제 기능을 찾아가는 것을 볼 수
있었다. 한편 도시로 떠나간 사람들은, 농업이 소규모의 전통
적 조방농업粗放農業으로부터 산업화의 임금 원칙을 수용한
집약集約 농업으로 이행하는 과정의 증인이 되었다.

1962년, 농민들은 자신들에게 주어진 임무를 성공적으로
완수했다. 그들은 진보가 자신들을 자유롭게 해줄 것이라고
굳게 믿고 있었다. 누구도 그들에게 이미 1950년부터 시작된
공동 시장이 환상임을 일깨워 주지 않았다. "농업은 더 이상
각국의 원조를 요구하지 않을 것이며, 단일 유럽의 테두리
안에서 번영할 것"이라는 환상 말이다. 이렇게 해서 사태의
현실과 본질 사이의 괴리가 시작되었다.

*

조제 보베의 조부모님은 농부였다. 그의 아버지 조지Josy는 농학 연구
를 위해 가족 농장을 떠났으며, 종種의 연구에 몰두했다. 조제 보베는
미국에 파견된 아버지를 따라 3년 동안 그곳에 머물렀다.

내가 태어났을 때 나의 부모님은 이미 도시에 살고 계셨
지만, 보르도에서 15킬로미터쯤 떨어진 곳에서 이모할머니

이 작은 농장을 가꾸며 살고 계셨다. 내가 걸음마를 시작하자, 부모님은 나를 데리고 농장을 보여 주러 가셨다. 집 앞에는 채소밭이 있었으며, 마당에는 우물도 하나 있었다. 헛간에는 네다섯 마리의 암소도 있었다. 이것이 내 눈에 아른거리는 시골의 첫 모습이다.

내 어릴 적 보르도 교외는 시골이었지만, 이제 완전히 도시화되었다. 내가 기억하는 그런 모습의 농장은 더 이상 없다. 어린 시절의 추억 그대로 남아 있는 것은 종을 매달았던 고리가 전부이다.

세 살부터 여섯 살까지 나는 부모님과 함께 미국에서 살았다. 내가 처음으로 집약 농업을 본 것은 끝없이 펼쳐진 캘리포니아의 농장에서였다. 연구원이었던 아버지와 어머니는 버클리를 떠나 다른 곳으로 옮겨 갔다. 우리는 미국 서부의 광대한 경작지를 가로질렀고, 옥수수, 콜자(평지), 밀밭이 어린 내 눈앞에 믿을 수 없을 만큼 광활하게 펼쳐졌다. 나는 네다섯 살쯤에 하와이에서 보았던, 파인애플 수확 광경을 기억하고 있다. 사람들은 밭에서 수확한 과일을 모아 컨베이어 벨트 위에 쌓았다. 그리고는 그것을 커다란 운반 트럭에 실었다. 야외에서 이루어지던 작업 광경은 과거 열대 지방의 식량 재배 모습과는 완전히 다른 생산 방식이었다.

이러한 기계화된 모습과는 무관하게, 나는 독서를 통해 옛날의 농경 세계로 빠져들었다. 캘리포니아에서 나는 멕시코의 한 농부와 그의 당나귀에 관한 이야기를 읽고 또 읽었다. 부모님과 함께 멕시코 국경을 넘었을 때, 나는 얼마 되지 않는 땅을 일구는 사람들의 모습과 가축들이 돌아다니는 마을을 보며 또 다른 삶의 방식을 발견했다. 그러나 캘리포니아로 돌아온 나는 줄지어 늘어선 과실수들을 다시 넋 놓고 바라보았다. 나는 어린아이였지만 극단적으로 대조되는 두 가지 경작 방식과 두 가지 생활 방식에 충격을 받았으며, 보르도 근처 이모할머님의 옛날식 농장, 국경으로 나뉜 멕시코 농민들과 미국 농민들을 연결해 살펴보았다.

가족과 함께 프랑스로 돌아온 뒤, 나는 아버지의 고향인 룩셈부르크를 방문했다. 먼 친척 중의 한 분이 그곳 마을에서 농장을 경영하면서 작은 식료품 가게를 운영하고 계셨다. 농장과 식료품 가게는 마당을 사이에 두고 있었다. 개구쟁이였던 나는 이웃집 꼬마들과 함께 쌓아둔 퇴비 더미에서 흘러나오는 물거름을 시냇물이라고 하면서 재미있게 놀기도 했다. 당시 일곱 살이었던 나는 마을과 완벽하게 동화된 이 농장에서 편안함을 느꼈다. 거기에서 어떤 새로운 관계가 성립되었는데, 내가 멀리 떠나 있든지 여행을 하든지 간에 그 관계는 끊어지지 않았으며, 내 인생의 길잡이가 되었던 것 같다.

방학 중에 나는 독일 남부와 오스트리아에 갔었는데, 그곳에서 곡물 재배와 양돈을 함께하는 산악 지대의 가족 농장을 경험했다. 또한 룩셈부르크에서는 미국에서 보고 깜짝 놀랐던, 농지와 기계의 대립을 다시 보았다. 나는 룩셈부르크 대공국의 여러 평원에서 콤바인이 움직이는 것을 보았다. 이 괴물들은 나를 매혹시켰다. 이제 더 이상 짚단을 손으로 묶지 않았다.

따라서 내 어린 시절의 기억에는 마치 분열된 듯한 두 가지 구조의 농업 이미지가 간직되어 있다. 하나는 가족 단위의 농업이고, 다른 하나는 기계가 사람을 대신하는 거대한 시스템 농업이다.

도시와 농촌 지역의 근본적인 단절을 보았던 미국에서의 경험이 가장 중요하고 인상적이었다. 두 세계는 서로 소통하지 못했다. 서로 단절되었기 때문에, 프랑스에서 이루어졌던 것과 같은 농촌의 건설이나 재건설을 생각할 수 없었다. 유럽에는 가족 간의 유대, 축제, 전통 음식, 마을길, 시냇물, 농부와 장인 그리고 농부와 지방 소상인 사이의 상호 의존 관계가 지켜지고 있었다. 모든 것이 복잡하게 뒤얽혀 있었다.

*

얼마 후 나는 재앙에 가까웠던 두 가지 사건을 통해 특히 농촌 사람들이 자연의 위험에 노출되어 그것과 맞서 싸우며 살아간다는 것을 알게 되었다. 50여 명의 인명을 앗아간 랑드 지방의 산불은 내 이모할머니가 사시던 곳까지 번졌다. 화재에 맞서 싸운 사람들은 농촌 사람의 연대가 어떤 것인지 좋은 본보기를 보여 주었다. 또 하나는 주민들이 인간 사슬을 만들어 메뚜기떼의 공격에 맞서 싸웠던 일이다. 이 일은 전쟁 중에 일어났는데, 어머니와 외조부모님은 자전거를 타고 이모할머님 댁에 자주 찾아갔다고 했다. 어머니는 손으로 냄비를 두드리며 마을 사람 모두 힘을 합쳐 쳐들어온 곤충

떼를 몰아냈던 일을 내게 얘기해 주었다.

열여덟 살이 되자 나는 몸과 마음이 하나가 되어 일하는 직업을 동경하게 되었는데, 거기에서 내 일상적 삶은 육체적 참여인 동시에 창조적 참여가 될 거라고 생각했다. 농사를 짓는 행동 하나하나는 의미가 있었으며, 자연과의 모든 관계에 책임을 져야 하는 행위였다. 아무리 작은 행위라도 긍정적인 영향을 줄 수도 있고, 부정적인 결과를 가져올 수도 있다. 농사를 짓는 일은 선택이다. 하나의 방식을 선택하는 것이다. 자신만의 생산 방식을 선택해야 하고, 결과를 고려하여 끊임없이 재검토해야 한다. 환경을 생각하고 소비자들을 위하여 건강하고 맛있는 먹을거리를 생산할 때, 농부는 비로소 자신의 삶과 조화를 이룬다. 농부가 된다는 것은 땅의 반응, 즉 동식물의 생태를 알아 가는 것이며, 기후에 적응해 나가는 것이다. 그것은 땅에 뿌리 내리는 일이다.

어린 시절의 경험으로 알게 된 이 귀중한 재산을 잊고 있던 나는 내 뿌리를 다시 찾았다. 나는 피레네 지방의 양 사육 농장에서 일하기 시작했다. 1971년, 나는 군사 기지 확장 반대를 위하여 투쟁하던 르라르자크의 농민들과 생각을 같이 하고 있었다. 땅은 우리를 지켜 주고, 우리는 땅을 되살린다는 생각을 말이다. 르라르자크 농민들과 합의하에, 나는 군사 기지 확장안에 따라 군대가 몰수했던 작은 농장에 머물렀다. 군대의 힘에 맞서는 불법 거주자가 된 셈이다. 바위에 계란 치기였다.

근원으로 돌아오자 나는 뿌리의 중요성에 대하여 고심했

다. 몇 세대를 도시에서 살아온 사람들이라고 해도 자신의 고향에 무관심할 수는 없다. 비록 활기가 넘치는 고향과 다시 직접적인 인연을 맺지 못한다고 해도 지속적인 애정을 지녀야 할 것이다. 고향에서 힘을 얻는 것은 지나간 과거에 향수를 느끼는 것이 아니라, 영구적인 건축물의 주춧돌을 되찾는 일이다. 농촌 생활에 빠져들면서 이런 심오한 현실을 또렷하게 이해했다.

르라르자크는 재정착의 기반이었으며, 토지와 지역 농업을 다양화하고 자연 환경에 적합하도록 재건하는 실험실이었다.

*

프랑수아 뒤푸르의 첫 기억은 망슈 지역의 가족 농장으로부터 시작된다. 그는 자신의 밭에서 일하면서 몽 생 미셸을 볼 수 있었다. 끝까지 섬으로 남고자 한 그 성채는 오랫동안 폭풍과 침식에 저항한 상징물이었다. 프랑수아는 모든 농업 형태를 알고 있었다. 자급자족 방식인 전통적 농업 형태, 시장의 원리를 바탕으로 하는 집약 농업과 유기농이 그것이다. 그는 같은 자리, 같은 가족 농장 안에서 농부로 사는 생활의 모든 변화들, 즉 산업화로의 이행, 생산량 경쟁, 다품종 경작으로의 재전환, 그리고 근원으로의 회귀를 체험했다. 조제 보베처럼 그도 농부의 추억 속에 다시 잠겼다.

내가 간직하고 있는 농부들의 생활 모습을 좀 더 떠올려 보면, 밭에서 일하는 말, 젖소, 송아지와 함께 있는 암소, 가축에게 먹일 사료를 경작하던 모습이 그려진다. 그리고 밀을 수확하거나 농장 마당에서 타작하던 모습도 있다. 특히 어린 나는 리듬에 맞춰 함께 일하던 사람들의 모습에 반했다. 나는 농촌 생활 조직의 일원이 되었으며, 농촌 마을의 공동체 정신인 연대감을 깨닫게 되었다.

이웃의 농장은 우리 부모님 농장과 같은 형태였으며, 밭에서 네다섯 명이 함께 일하는 정도의 작은 규모였다. 겨울이 되면 사람들은 보름 정도 농장들을 돌며 축사를 청소하고, 거름을 만들기 위해 오물을 끄집어내서 밭에다 잘 펴두었다.

사람들은 퇴비를 만들고, 나무를 하고, 울타리를 치는 일을 함께하면서 언제나 철저히 약속을 지켰다. 농부는 시장의 압력에 순응하는 경쟁자가 아니었다. 그들에게 상부상조는 생산물 판매보다도 중요한 일이었다. 아무리 작은 농장이라도 전일제 노동자를 고용했다.

아버지와 이웃 사람들은 가늘고 긴 밤나무를 이용하여 나무통의 테를 새로 갈고는 했다. 끝이 구부러진 이 나무는 버드나무와 잘 맞물렸다. 겨울에 눈이 많이 내려 밭에 나갈 수 없을 때면, 우리는 새끼를 만드는 작업장을 열었다. 낡은 건물의 난로 주변에 모여 새끼 만드는 기계를 돌렸다. 기계는 네 개의 홈이 파인 원추와 가는 짚을 걸기 위한 고리로 된 받침판, 그리고 그 위에 짚을 꼬는 드릴 모양의 공구로 이루어졌다. 작업은 네 명이 한 팀이 되어 이루어졌다. 우선 맨 처음 사람이 짚 뭉치를 굴리면 두 번째 사람이 그것을 고리에 걸고, 세 번째 사람은 기계에 기대어 드릴 모양의 공구 손잡

이를 돌린다. 돌리는 힘에 의해 원추의 파인 홈에 걸린 짚이 꼬인다. 네 번째 사람은 의자에 앉아 새끼의 고리와 매듭을 만든다. 이렇게 만든 새끼는 가축을 매거나, 건초더미, 장화, 나뭇단을 단단히 묶는 등 여러 곳에 쓰였다.

사과 수확기에, 사람들은 통에 남은 사과주를 비우고, 따뜻한 물로 그것을 씻어둔다. 유황 심지를 통에 담가 거기에 남은 신 냄새를 없앤다. 남은 사과주는 한 군데 모아 식초를 만든다. 이렇게 집에서 만든 식초는 샐러드 맛을 내는 데 쓰이는데, 약을 조제할 때 넣기도 한다. 가축이 다리를 다쳤을 때, 예를 들어 말의 관절에 무슨 문제가 생겼을 때, 아버지는 땅에서 좋은 찰흙을 고르고, 자루를 찢어 붕대를 만든 다음 그것을 식초에 담가 아픈 다리의 관절에 붙여 주었다. 송아지가 설사를 할 때도, 우리는 수의사를 부르지 않았다. 끓는 물에 건초를 넣고 푹 삶아 만든 "건초차"를 송아지에게 먹였다. 이 물약을 먹고 사나흘이 지나면 송아지는 알아서 다시 어미젖을 먹었다.

그러나 일단 생산주의 시스템으로 들어가자, 사람들은 퇴비 생산을 공장에 맡기기 시작했고, 농부들의 전문 지식은 순식간에 사라졌다. 1968년에서 1970년 사이에 농지 확장을 위하여 처음으로 불도저를 사용하면서 위기는 시작되었다. 가족 농장을 경영하던 나 자신도 집약적 방식의 사료 생산과 옥수수 재배에 뛰어들었다. 그러나 1985년 나는 이 시스템과 단절하였다.

2. 색안경을 낀 도시인

　새천년을 맞은 지금, 도시에 살고 있는 초등학교 어린이들의 시선은, 도시에서 추방되어 다시 근원으로 돌아가고자 하는 농부의 손자와 땅에 뿌리내린 농부의 아들의 시각과는 너무나도 거리가 멀다. 그 어린이들에게는 땅과 무관한 농업, 배터리식 사육법[1] 아니면 그저 대형 상점 진열장에 놓인 식품 포장지의 이미지만 남아 있다. 현실을 바라보는 그들의 시각은 잘려 나가고, 일그러져 있다. 이미 농업과 단절된 부모 세대보다도 더 심각하다.

　도시의 많은 초등학교 아이들은 계란이 어디에서 나오는지에 대해 무관심하다. 그들은 매일 알을 낳는 암탉을 본 적이 없다. 서 있는 닭을 그려 보라고 하면, 아이들은 윤곽도 잡지 못한다. 그들에게 닭이란 봉지에 담긴 하얀 닭고기일 뿐

---

1. 밀폐된 아파트형 공간에서 닭을 집단 사육하는 방식.

이다. 『X세대 *Génération* X』의 저자인 미국인 더글러스 커플랜드Duglas Coupland는 2080년을 상상하면서 그때는 날개도 넓적다리도 없이 하얀 가슴살만 가진 "울트라 치킨"이 나타날 것이라고 말했다. 읽기 연습을 하는 초등학교 1학년 아이들에게 농업이 무엇이냐고 물어보자. 아이들은 아마도 더 이상 테제베TGV 창문 너머로도 보이지 않는 밀밭과 소떼를 인용할 것이다. 또는 코르시카 관목 지대를 제외하고는 더 이상 야외에서 볼 수 없는 돼지들에 대해서도 이야기할 것이다. 심지어 그것이 멧돼지떼와 섞여 있다고까지 할 것이다.

아이들이 제대로 묘사하는 농업은 지금 볼 수 있는 두 가지 행위, 곡물 생산과 소 사육에 한정될 것이다.

우유는 종이 팩이나 작은 플라스틱 병에 들어 있는, 그러나 이력을 알 수 없는 마실거리일 뿐이다. 매장에 대량으로 놓여 있는 용기가 그 출처이다. 젊은이들은 암소가 새끼를 낳아야지만 우유를 만들어 낼 수 있다는 것을 모른다. 부모를 따라 시골집에 가서 새로 태어난 송아지를 쓰다듬어 보았던 사람만이 알 수 있는 일인가? 모유를 먹지 않고 자란 세대에게 누가 엄마 젖이 어떻게 나오는가를 가르쳐 주겠는가? 대도시 근교에 사는 사람들은 전원으로 자주 나가곤 하지만, 그들은 양계, 가금 사육, 과수 재배, 원예, 수산 양식, 양어, 포도 재배, 임업 등을 농업부 소관이라 생각하지 않는다. 가장 산업화된 분야만을 농업으로 보는 단순화된 시각을 가졌다. 프랑스의 국가 교육은 어린이들에게 안경 대신 눈가리개를 주고 있는 셈이다. 그리고 미디어는 어른들에게도 마찬가지

짓을 한다. 농업부의 영역은 생활 전반, 땅과 물 모두를 포괄한다. 숲, 호수, 강, 해안 지역을 모두 포함하는 것이다. 포도밭, 과수원, 채소밭, 채소 재배용 습지(2001년 솜므 지방 대홍수를 계기로 이것을 다시 언급하게 되었다), 방목장, 양우리, 치즈 제조소 등도 빼놓을 수 없으며, 굴이나 홍합 양식장도 잊지 않고 덧붙여야 한다. 도시의 젊은이들이 농업에 대해 눈가리개를 하고 있다면, 농업에 종사하는 사람들에 대해서는 무엇을 더 알고 있겠는가? 그것에 관하여 어른들에게 물어보자.

2000년에 실시된 프랑스 여론 연구소의 조사에 의하면, 현대인들은 농민에 대해 특별한 이미지를 가지고 있다. 농민을 평가하는 특징 중 특히 눈에 띄는 것은 "용감하고, 현대적이고, 생산적인" 사람이라는 것이다. 이것은 칭찬의 말이다. 하지만 "이기적이고, 폭력적이라는" 부정적인 표현도 있다.

결점보다 호의적인 표현에 무게를 둘 것인가?

용감하다는 평가는 자주 언급되며, 역사적으로 증명된 덕목이다. 진정한 용기는 새벽 세 시에 일어나는 것이다. 나폴레옹에게서 빌려온 이 말은 이상 기후나 자연 재해로 인해 위급한 일에 직면했던 모든 사람들에게 적용된다. 시련과 폐허와 빚더미 속에서의 용기이다. 온갖 고난을 이겨내고, 암울한 시대를 딛고 일어서 얼마나 많은 전쟁과 자연 재해와 전염병을 겪었던가? 1914년, 많은 여자들은 전쟁터에 나간 아들들을 대신해서 농장에서 일했다. 농민은 도시인보다 더 많은 피의 대가를 치렀다. 프랑스 방방곡곡 작은 마을마다 세워진

사망자 위령비의 이름을 보면 알 수 있을 것이다. 1865년,[1] 포
도 재배자들은 포도나무 뿌리 잔딧병에 대항하여 있는 힘을
다해 싸웠다. 2000년과 2001년, 전염병의 위험에 직면한 많은
축산업자들은 병의 확산을 막기 위해 자신의 가축을 도살해
야 하는 최악의 사태에 맞서야 했다. 특히 그들은 진정한 예
방 정책을 위해 싸웠다. 극단적 상황에서도 시민으로서 농민
은 매일 식량을 공급하는 본연의 임무를 게을리 하지는 않았
다.

　적응력 또한 본보기가 된다. 자연의 위험, 새로운 기술,
사회 변화, 생산주의, 조합 활동, 그리고 정책 방향에도 적응
해야 하는 것이다.

　농민의 이 두 가지 자질에는 이면이 있다. 적응이 그들의
기대에 반하는 질서에까지 순응하는 것이라면, 그리고 공적
시스템의 역효과에 반대하지 않는 것이라면, 그것은 눈먼 짓
이다. 강요된 지침들도 있지 않은가! "골든 딜리셔스 사과를
재배해라," "해바라기를 심어라," "양돈 산업을 발전시켜라,"
"배터리식 양계를 해라," "지친 땅에 비료와 살충제를 뿌려
라," "미래는 땅 밖에 있다." 1960년대에 사람들은 농부들에
게 농업은 기업화되어야 한다고 말했다. 이제 기업농은 현실
화되어 전국으로 확대되었다. 이론의 여지없이, 농업은 산업
의 한 분야로 단순화될 것이다. 거기에는 언제나 출발의 노
래를 준비한 지원자들이 있다. 과거에는 그들에게 가차 없이

---

1. 이 해에 필록세라라는 포도나무 뿌리 진딧물의 침입으로 유럽 전역의 거의
　모든 포도원이 황폐화된 일이 있었다.

부역을 가했지만, 이제는 그들 스스로 상황에 적응한다. 이러한 상황에서 용기라는 자질은 오히려 결점이 된다. 또한 그 용기는 자살 행위를 이끈다. 우리는 기술에 경의를 표하며 용감하게 죽을 수도 있다.

사람들이 여러분의 용기를 알아준다는 이유로, 불평 없이 이를 악물고 꾹 참으며 자신의 종말을 바라보고 있을 것인가? 현시대의 용기는 예정된 죽음의 계획을 말하지 않는 데 있는 것이 아니라 현대화를 구실로 농민을 희생양으로 삼으면서 퇴보를 초래하는 정책에 대하여 용기 있게 말하는 것에 있다.

여러 투쟁을 통해 우리는 어떤 명령에도 복종할 필요가 없다는 것을 알았다. 선조들과 마찬가지로 적응력이 뛰어나고 용감한 농민은, 이제 도시인과의 공동 책임이라는 의미에서, 이러한 자질을 발휘할 때를 맞이했다. 그렇지 않으면 그들은 사람들에게 여러 가지 비난거리를 제공하게 될 것이다. 이제까지 농민은 농민 폭동의 과정에서 폭력적이고, 이기적으로 동업 조합을 이끌어가고, 오염물을 방치하고, 다른 사람에게 피해를 입혀 가며 사업을 확장하려 한다는 등의 비난을 받아왔다.

농민의 사명은 사회적 투쟁에 있는 것이 아니다. 반대로 그는 평화의 임무를 부여받았다. 2차 세계대전 당시 독일 점령으로부터 해방되었을 때, 농민들이 기계를 다시 작동시키지 않았다면, 프랑스는 그렇게 빨리 식량 배급을 끝내고 자급자족을 달성하지는 못했을 것이다. 파종하고 수확하면서 멍들고 모욕당한 나라는 다시 봄날을 맞이했다. 프랑스 여론 연구소의 조사 대상자들이 프랑스 농부를 폭력적이라고 비난했을 때, 그 폭력은 어떤 성향을 말하는지 질문해 볼 필요가 있다. 그것은 시장의 독점을 강요하는 경제적 폭력, 정책 결정권자들의 일방적 결정, 그리고 전략적으로 사람들을 상업화하는 다국적 기업의 강제적 정책에 대항하는 상징적 행위였으며, 최고의 방안이었다. 마치 축제처럼 일반인 모두가 참여하는 저항이 없다면, 시민 사회는 커다란 위험에 빠져 무감각해지고 모호해질 것이다.

3. 농민은 어디 있는가?

　이대로는 안 된다고 말하는 새로운 농업 경영인들은 누구인가? 그리고 왜 그들은 농민이라는 호칭을 요구하는가?

　1960년대, 사람들은 농민이라는 단어를 현대적이지 않다는 이유로 내버렸다. 그 단어를 하찮게 여기고, 어휘 사전 맨 아래에 있는 촌스럽거나 상스러운 말쯤으로 취급했다. 게다가 사람들은 생산을 위한 생산 자체가 농업의 궁극적인 목표가 아님에도 불구하고, 생산량 증대를 불멸의 교리로 여기기 시작했다. 부를 창출하는 것은 인도주의와 인본주의 사이의 보다 복잡한 무엇이라고 생각했다. 따라서 농업 경영인이란 용어가 보다 합당한 이름이 되었다. 생산 제일주의의 영광의 시절 동안에, 산업화의 의미를 보다 많이 내포한 적절한 말을 찾다가 "농민" 대신 농업 경영인이란 단어를 사용하게 된 것이다.

　오늘날 "농민"이라는 단어는 재평가되고, 보다 큰 가치를 부여받았다. 이 단어는 더 이상 촌놈 농사꾼을 떠올리게 하지 않으며, 땅에 발을 딛고 있는 사람, "땅에 대한 믿음을 가지고 있는" 사람을 의미한다. 그런데 역사가 피에르 미켈 Pierre Miquel은 "농민"이란 말이 품질 라벨의 역할을 할 위험이 있다는 점에 주목했다. 상투적인 수식어로 사용되거나, 특히 대형 할인 매장의 "로고"로 차용된다는 것이다. 농민이 다시 농사에 뿌리내린다는 것은 조합 투쟁을 넘어 미래의 가치를 재현하는 것을 의미하는데, 그 가치는 조상으로부터 전해진 유산을 미래로 전달할 수 있는 가능성을 지키는 일이다.

정치는 어휘를 변화시킨다. 그리고 끊임없이 시민의 애국심에 호소하여 그 어휘를 실제로 사용하도록 한다. 우리는 상당히 전문화된 집약 농업과 복합 농업을 대조해 볼 수 있다. 그렇지만 '상당히 전문화된'이란 말은 다분히 정책적인 의미를 내포한다.

생태학은 "다양성"과 조화를 이룬다. 농민을 기반으로 하는 농업은, 로비를 통해 변질된 단어의 함정에 빠지지 않으면서 생태학적 다양성과 영농 방식의 다양성을 존중해야 한다.

농촌 지역에서 빈부의 격차는 점점 더 심해지고 있다. 일-드-프랑스 지방의 곡물 재배자들, 브르타뉴 지방의 양돈업자들과 10내지 20헥타르의 땅에 다품종 경작을 하는 중부의 차지농들 사이에는 어떤 공통점이 있을까? 대규모 지주 농장과 소규모 농장 사이에는 사회적 균열이 있기 마련이다.

현대의 농민은 농업의 기원에 신뢰를 가지고 있는 생산자이며, 기본에 충실하려고 애쓴다. 농업의 첫 번째 기능은 사람을 먹여 살리는 것이다. 먹여 살린다는 것은 생명을 주는 것이며, 살아가게 하는 것이다. 씨앗의 싹을 틔우고, 가꾸고, 지속시키는 것은 농부의 세 가지 본연의 임무이다. 사람을 먹여 살리는 임무를 농업 관련 사업으로 만들어 버린 생산 제일주의는 본연의 임무를 버리고 땅과 무관한 기술에 집착한다. 그렇게 해서 농업을 기본 원칙으로부터 분리시키고, 오랫동안 유지된 땅과 물과 지역 기후 사이의 균형을 파괴하고, 인간으로 하여금 자원을 올바르게 사용하지 못하게 하여 최소한의 필수적인 교류도 막는다. 농업의 두 번째 임무는, 농업이 전달하고자 하는 가치, 시장에 내놓고자 하는 가치, 식품 공급 체계와 관련된 모든 중개자들에게 시민 정신을 고취시키고자 하는 가치에 전념하는 것이다. 사람들이 살아 있는 생산물을 소비하고자 하는 한 농업과 먹을거리는 서로 조화를 이룰 것이다. 하지만 산업은 죽어 있는 생산물만을 순환시킨다.

농부는 땅에 대한 열정을 통해 진정한 정체성을 찾는다. 그러나 그들이 오직 땅에 대한 애정만 가지고 있는 것은 아니다. 그들은 조상으로부터 이어받은 삶의 방식과 태도에 대해서도 애착을 가진다. 그들은 땅을 소유해서가 아니라 부를 만들어 낼 수 있는 노동 기반을 가지고 있기 때문에 영원히 존재한다는 것을 증명한다. 그들이 모든 사회 구성원들에게 유익한 부가가치를 창출하는 데 삶의 전부를 헌신하면서도 충분한 수익을 얻어내지 못한다는 것은 경제적 부정의와 사회적 무질서를 의미한다.

한 축산업자가 전염병인 아프타열에 걸린 자신의 가축들을 도축하기 위해 지원금을 받았다면, 그것은 손해를 입은 목축 자산의 상품 가치를 인정받아 그 전부 혹은 일부를 지불 받은 것이지만, 정신적인 보상을 받은 것은 아니다. 그의 노동 가치에 대한 불신을 참을 수 없다.

*

제2차 세계대전 후 몇 년 동안, 프랑스인 네 명 가운데 한 명은 지방 농장에서 일했다. 1946년의 소작에 관한 법률은 진보된 사회 모습을 보여 주었다. 농민은 700만에서 800만 사이의 생산 인구를 대표했다. 1990년, 농민 수는 150만 명으로 감소했으며, 농장 수는 100만 이하로 줄었다. 2001년, 그 숫자는 66만 4천이 되었다. 브르타뉴 지방에서만 10년 동안 농장의 44%가 감소하였다.

전문가들에 따르면, 이러한 감소 속도가 둔화되지 않으면 2005년에는 농장 숫자가 50만에 이르게 될 것이다.

농민 숫자는 감소하는 반면, 그들이 차지하는 면적은 증가하여 1인당 평균 면적이 45헥타르에 이른다. 면적당 정부 지원금을 받는 곡물 생산업자들은 버려진 땅을 거두어 들였다. 즉, 1%의 농장 경영인들이 200헥타르 이상의 토지를 소유했으며, 10%의 농장 경영인이 수익의 66%를 차지하고 있는 것이다. 이것이 바로 전문 농업 경영인의 실체이다.

농업 경영인의 숫자가 줄어듦에 따라, 농민들은 다시 젊어졌다(평균 연령이 38세로 낮아졌다). 1999년의 조사 보고에 따르면, 활동 인구 중 농업 분야 종사자는 4.5%였으며, 2001년에는 4% 이하였다.

전체적으로, 농민들의 생활수준은 불가피하게 이농을 택했던 교외 거주자들보다 나아졌지만, 농업 경영인과 소농 사이의 생활수준 차이는 갈수록 벌어졌다.

우리는 이러한 사회가 지니고 있는 문제점을 너무나 쉽게 잊어버린다.

*

소규모 지방 농장의 몰락 앞에서 전의를 상실한 부모의 모습을 본 많은 젊은이들에게, 매년 감소하는 숫자들은 돌이킬 수 없는 현상의 징조 같았다. 그렇지만 양질의 농업이 사라지는 것을 얼마든지 피할 수 있다.

농촌을 배경으로 작품을 창작하는 어떤 작가들은, 이제는 존재하지 않는 세상에 대한 향수를 불러일으키며, 복고적이고 시대에 뒤떨어진 듯한 농부의 이미지를 퍼뜨리는 데 기여하고 있다. 작가들은 추억을 간직하고 전달하려는, 또는 완고함을 지니고 살아가는 농촌 사람이나 농촌의 모습을 존중하는 좋은 의도를 가지고 있었을 것이다. 하지만 그것을 읽는 도시인은 지난 시간으로 되돌아갈 수 없으며, 이제는 이 모든 것이 민속에 불과하다는 생각을 가지게 된다. 『죽어 가는 땅』에서 『개양귀비와 이별*Adieux coquelicots*』까지, 같은 주제들이 마치 진혼곡처럼 울려 퍼진다. 도시인들은 아이들을 미술관이나 전통 박물관에 데려가 그들에게 역사를 알려 주겠다고 생각한다.

농부의 마법 가죽[1]은 농업이 항상 사회적 논쟁의 중심에 위험스럽게 놓여 있는 것을 막지 못한다. 아니, 그렇지 않다. 우리가 흐름을 막을 수 있다는 신념을 가진다면, 2, 3차 산업화 속에서 실업 사태를 막았던 것처럼, 소농장들이 문을 닫는 것을 저지할 수도 있을 것이다.

이 모든 상황에도 불구하고 농업은 사회의 중심에 남아 있을 것이다. 그리고 그것을 지탱해 나가는 것은 정책 의지가 아니라, 시민 사회의 요구와 기대이다.

*

먹는 일은 모든 사람들의 지속적인 관심사이며, 어떤 형태의 사회도 자급률, 식용 가능성, 음식에 대한 기호라는 세 가지 법칙에서 벗어나지 못한다. 먹을거리는 다양화된 이 세 가지 요구에 응답할 수 있다. 미래에 메갈로폴리스 한가운데 있는, 농업-식품 기업에서 생산하고 터미널 모양의 완전 멸균된 시장의 한 건물에서 공급하는 알약이나 영양 수프를 먹

---

1. 1831년에 출간된 발자크 소설의 제목. 소설에서 주인공의 소원을 이루어 주는 마법 가죽은 이용할 때마다 크기가 점점 줄어든다.

3. 농민은 어디 있는가? · 45

지 않는 한 말이다.

현재 가금류나 돼지고기의 95%가 전통적 방식의 농장에서 생산되지 않고 있으며, 곡류 생산도 마찬가지이다. 시민들은 외진 곳에서 고집스럽게 양질의 제품을 생산하는 사람이 사라지는 것을 보고만 있을 것이 아니라, 자연 그대로의 맛좋은 제품을 요구해야 할 것이다. 사회적으로 관심이 폭발하고 있는 양질의 먹을거리에 대한 요구는 주된 흐름을 뒤집을 수도 있다. 그리고 다행스럽게도 일부의 사람들은 생산물의 내용을 정확히 알고 싶어 하고, 높은 부가가치에 집착하기도 한다. 그들은 압력에 저항했다. 지표와 풍광의 형태학을 바탕으로, 지나가면 모든 것을 평평하게 만들어 버리는 불도저의 접근을 막을 수 있었다. 또한 도시인들이 그들에게 감사할 날이 곧 다가올 것이라고 예감하기도 했다. 그들은 땅에 뿌리내리고 정착한 자신에게 주어진 첫 번째 임무를 저버리지 않았다.

노르웨이에 대한 기억으로 프랑수아 뒤푸르는 사고의 힘을 키워 나갔다.

나는 1982년 노르웨이에 갔을 때, 하루에 평균 3시간 정도 시간을 내어 책을 읽는 노르웨이 농민들의 문화 수준을 보고 깜짝 놀랐다. 집집마다 거실 한구석에 수십 권에서 수백 권의 책이 꽂혀 있었다. 충격을 받은 나는 꿈을 꾸기 시작했다. 사람들은 땅을 일굴 뿐만 아니라 집에서 "자기를 계발하는" 시간을 보낸다. 이렇게 독서를 하고 생각하고 연구하면서 보낸 시간은 농가에 부를 더해 준다. 반면에 프랑스 농촌 지역은 갈수록 빈곤해졌고, 농민들은 산업을 위해 낮은 가격의 원료를 만들어 내면서 소외되어 갔다. 따라서 그들은 책임감을 잃어 갔고, 무능력해졌으며, 어떤 제도의 피해자처럼 처신했다. 제도의 희생자가 되는 일보다 더 끔찍한 일이 무엇이겠는가! 공동농업정책의 결과였다. 가격 하락에 따른 보상금을 지원하고 농민을 생활 보호 대상자로 만든 것은, 결과적으로 그들을 심리적, 문화적으로 피폐하게 만들었다. 농민이 단지 산업에 필요한 원료 생산자가 되고, 일 년에 수천 톤의 육류를 생산하게 되면서, 그들은 정체성을 잃고, 사고하고 행동하는 능력을 잃게 되었다. 생산 제일주의 농업은 이성과 감성, 즉 정신을 모두 파괴해 버렸다.

지난 30여 년 동안 농민들이 지녀온 많은 전통은 사라졌다. 마당에서 밀 타작하는 모습이 사라지고 콤바인이 그 일을 대신하면서, 이웃이 모두 모여 함께 수확하는 모습 역시 사라져 버렸다. 이 변화는 한 세기의 전통을 떠나 보낸 것이다. 집단적인 성찰과 녹색 혁명의 과정에 대한 이해와 대중화를 토대로 농업에 종사하기 시작한 농민들, 특히 가톨릭농업청년동맹(JAC)의 활동가들은 시간이 흐를수록 실망감을 느꼈으며 사기가 꺾였다. 벌써 20여 년 전부터 많은 농민들은 경제적 압력과 긴장으로 심각한 어려움에 빠진 농업을 내팽개쳤다. "젊은 퇴직자들"은 그들이 처음부터 끝까지 겪었던 이야기를 가장 잘 들려줄 수 있다. 그들은 현대화의 희생자가 되면서도 자신들의 농사 지식을 고집했다. 다행스럽게도 몇몇 지역에는 자신의 경험을 지켜 다른 사람과 다른 세대에게 전달하려는 사람들이 남아 있었다. 우리가 더 이상 그 경험에서 어떤 영향을 받을 수 없고, 전달자로서의 책임을 가지지 않는다면, 2030년 혹은 2050년 세대들은 어떻게 될까? 서로 상반되는 두 가지 농업 유형이 공존하는 이 미치광이 시기로부터 남는 것은 아무것도 없을 것이다.

정치가 어떻게 변하든 농업은 항상 존재할 것이다. 가장 심각한 위험은 농민이 점차 사라짐으로써 농업을 다른 흐름, 즉 농화학이나 농업 관련 산업 시스템의 손아귀로 밀어넣는 것이다. 그것은 결국 다양성을 말살시키고, 도처에서 프랑스 시민들이 원하지 않는 획일화를 강요할 것이다. 농민이 사라지는 것을 하루라도 빨리 막지 않는다면, 소비자들은 규격화된 먹을거리만을 강요당하게 될 것이다.

도시인은 양질의 먹을거리를 위한 이러한 싸움이 바로 자신의 문제라는 것을 인식해야 한다. 그리고 그들이 소수 집단을 위한 연대의 의무를 등한시한다면, 건강한 먹을거리는 보장받을 수 없을 것이다. 국민은 자신들이 원하는 대로 살아갈 권리가 있다.

거대 도시 건설은 시민이 분명하게 알고 있어야 하는 사실을 감춘다. 예를 들어, 농업은 변함없이 인간의 가장 근원적인 활동이라는 사실 같은 것이다. 농업은 생산면에서 지구인들을 먹여 살린다는 의미를 내포하고, 고용면에서 인류의 60%가 농업에 종사한다는 것을 의미한다. 그러나 오늘날 농업을 오직 시장 논리로만 체계화하려는 결정권자들은, 세계 시민들이 희망하는 발전 가능성과 지구의 생존 가능성을 완전히 변질시키고 있다. 오늘날 10억 이상의 농부들은 여전히 손으로 농사를 짓고 있다.

　미래를 전망해 보면, 사실 농업은 지구의 상태를 측정하는 바로미터이다. 지구는 지금 위태로운 상황에 처해 있다. 만일 "전 세계의 60%를 차지하는 농촌 인구의 80%를 없애며 그 인구를 흡수할 수 있는 메갈로폴리스를 건설한다면," 사람들을 이주시키고, 가두고, 격리시키며, 집단 수용하는 세계를 만들게 될 것이다. 세계의 농업에 시장 논리와 기업 논리를 적용하려 한다면, 엄밀히 말해 농업이 살아남을 수는 없을 것이다. 예를 들어 보자. 농업 인구가 8억 이상을 차지하는 중국과 6억 이상인 인도가 프랑스처럼 농업 인구를 4% 내지 5%로 줄이거나, 미국이나 영국처럼 인구의 1% 정도로 줄이고자 한다면, 인구 수가 1억 또는 1억 5천 정도인 대도시가 급속히 증가하는 일종의 "도시 암"을 일으키게 될 것이다. 그렇게 되면 환경과 자원의 보존이라는 균형은 무너지고, 마침내 미래가 보이지 않는 세계를 만들어 낼 것이다. 이에 대한 근본적인 인식이 생겨나야 한다. 만약 농업과 농업 인구를 그대로 유지해야 한다고 절실하게 요구하지 않는다면, 전 지구적인 이 문제는 해결되지 않을 것이다.

*

제3공화국이 들어섰을 때, 농민들의 목소리는 절대적으로 우월했다.

공화국은 농촌을 기반으로 자리 잡았다. 그런데 농민의 선거권이 더 이상 다수를 차지하지 않자 정부는 그들의 가치를 인정하지 않았다. 강베타는 농민들의 강력한 재력에 의지하고 있는 정부를 격찬했다. 그러나 오늘날 농민은 공화국으로부터 버림받은 아이의 처지가 아닌가?

　모든 일은 우리가 건설한 산업 사회, 즉 선택된 발전 모델이 농민의 제거를 바탕으로 이루어졌기 때문이다. 농민들이 속아 넘어간 것이 그때가 처음은 아니었다. 공화국의 부패는 역사적으로 되풀이된 일이었다. 어쨌든 프랑스 대혁명은 농촌을 중심으로 시작되었다. 국왕에게 제출한 농민들의 진정서가 없었다면 삼부회는 소집되지 않았을 것이다. 다시 말해, 농촌 사회는 변화를 간절히 요구하고 있었다. 그러나 혁명이 권력을 차지했고, 농민은 속아 넘어갔다. 소위 부자들이 농민을 희생시켜 프랑스 대혁명의 결과를 차지해 버렸기 때문에, 혁명이 어떻게 진행되었는지 상세히 알지 못하면, 방데 지방과 보수파의 반란을 이해하지 못할 것이다. 반란은 프랑스 서부 지방에서 일어났다. 그들은 이렇게 말했다. "사람들이 우리를 바보 취급하고 있지 않은가! 부자와 신귀족 계급들은 이미 땅을 사들였다. 그들은 우리에게 우리와 대립하는 이 혁명의 국경을 지켜내라고 한다. 누구보다도 변화를 갈망했던 것이 바로 우리였음에도 말이다." 백 년 후에도 상황은 반복되었다. 티에르[1]에 의해 농민들은 또 한 번 질서를

1. 루이 아돌프 티에르Louis Adolphe Thiers(1797-1877): 프랑스 정치가, 역사가, 저널리스트. 제3공화국의 초대 대통령. 저서로 『프랑스 혁명사』가 있다.

지키는 데 동원되어 자신의 의지와는 상관없이 변화를 원하는 자들을 막는 성벽이 되었고, 다시 한 번 진보주의를 와해시키는 수단이 되었다. 1870년에는 파리 코뮌과 마르세이유를 비롯한 몇몇 도시들의 반란을 막기 위해 농민들이 이용되었다. 진보주의의 가치에 역행하는 이러한 일들 이후에 공화국은 농촌의 전통과 영원한 가치의 수호자인, 그러나 완전히 도구화된 농민들의 이미지를 오랫동안 유지했다. 특히 농민은 그대로 자신의 자리에 남아 다른 계층의 국민들보다 더 많은 혈세를 내야 했다. 1914년의 전쟁에 의해 대량 학살된 수천 명의 사람들을 마주하고서도, 참호 속에서 이루어진 이 명분 없는 살육전에 대항하여 어떤 반란도 일어나지 않았다는 것은 놀라운 일이다. 여러 마을에서 헌병들이 "아들이 전사했습니다"라는 편지를 들고 들이닥쳤을 때, 전사자 명단을 보고 어떻게 격분하지 않을 수 있었는가? 이러한 굴복이 있었다는 것을 믿을 수 없다. 페탱 정권은 "프랑스의 두 가지 양식"인 농업과 목축업이라는 불변의 가치를 착취했다.

오늘날 제5공화국은 농민들을 파멸에 이르게 하는 부패의 마지막 단계를 맞이하고 있다. 농업부 장관의 힘을 등에 업은 조합 세력은 농민들에게 공동 경영 방식을 강요하여 그들로 하여금 스스로 농장을 무너뜨리고 자신들의 무덤을 파게 한다. 분에 넘치는 보호와 지원이라는 위선적인 가면을 쓰고, 거짓된 축하와 유감의 말을 던지면서 말이다.

분노와 정의의 목소리가 들리자 급진주의자들은 강경주의자를 찾아가 악수를 청하고, 그에게 절대적인 권한을 주고

3. 농민은 어디 있는가? · 51

농업부를 책임지게 했다. 그의 첫 번째 임무는 "농민의 입을 다물게 하는"것이었다. 동업 조합주의자들의 시위만 있었다는 것은 사실이다. 그러나 이제 농업계의 분열이 동업 조합에만 국한된 일은 아니다. 즉, 보수적인 농민들은 변화를 원하는 사람들을 비난했고, 반면에 생산주의를 받아들인 사람들은 진보라는 이름으로 보수주의자들을 궁지에 몰아넣기도 했다.

1970년에서 1980년 사이에 생산주의를 검토하는 과정에서 전례 없는 단절이 일어났다. 농민 운동, 적어도 농민연맹과 다른 농업 조직들에 의하여 구체화된 농민 운동은 농민을 독자적인 범주가 아닌 사회 속에 다시 위치시켰다. 그것은 사회 전체를 위한 해결책 없이는 농민을 위한 해결책도 없다는 근본적인 전제를 바탕으로 한다. 농업의 운명이 다시 법의 테두리 안으로 들어갈 때, 비로소 농민 운동은 사회의 전반적인 변화와 무관하지 않다는 사실이 중요해진다. 때로 프랑스 농촌 사회와 무관한 사람들은, 사회 문제에 대한 전반적인 고려 없이 농민이나 농촌에 대한 해결책이 있을 수 없다는 점을 인식하지 못하고, 실제로 연대 조직들을 비난한다. 대도시와 도시 주변에 사는 사람들이, 농촌의 변화에 대한 요구를 인식하지 못한다면, 어떤 변화의 기회도 주어지지 않을 것이다. 2000년 6월 30일, 미요 시의 집회는 그 역을 증명한 듯하다. 즉, 맥도날드 사건 재판의 피의자들과 연대하여 집회에 참여했던 10만 명의 사람들 가운데, 놀랍게도 도시인들, 특히 도시 근교에 사는 사람들이 많았다. 이민 2세대들도

거기에 포함되어 있었으며, 제브다Zebda[1]의 참여는 의미심
장한 일이었다. "우리는 군중들에게 말하는 것이 아니라 개
개인에게 호소하는 것이다"라는 그의 선언은 우리가 농민뿐
만 아니라 대도시 근교 임대 아파트에 사는 어린이에게도 말
하고 있음을 의미한다. 중요한 것은 일반 사람들이 투쟁하는
농민들과 일체감을 느꼈다는 것이다. 중요한 메시지는 바로
여기에 있다. 다시 말해, 도시인들은 외관상 매우 다른 현실
속에서 살아가고 있지만, 농민의 투쟁의 본질을 이해하고 있
다. 이것은 하나의 혁명적인 행진이다. 하지만 이것은 폭력
시위라는 관례적인 의미가 아니라 개인 안에서 일어난 혁명
을 의미하며, 개인을 다시 역사의 중심에 놓을 것이다. 변화
는 위로부터 오는 것이 아니라 사적인 혹은 공적인 일상을
살아가는 행위를 통해 이루어진다. 상황을 변화시키는 가장
유용한 방법은 우리가 이루고자 하는 목적에 따르는 일이며,
비폭력 행위 그 선상에 있다. 비폭력은 과정과 결과가 일치
하는 것이다. 부당한 방법으로 정의 사회를 이룰 수는 없다.
적을 파괴해 버린다면 이후에 우리는 누구와도 협상할 수 없
으며, 독재로 빠질 수밖에 없다. 사람들이 밝게 살아갈 수 있
고 권리를 존중하는 민주주의가 목표라면, 사회 곳곳에서 그
목표에 맞는 방법을 찾아야 할 것이다. 나는 "씨앗 안에 이미
열매가 있듯이 결과는 과정 안에 있다"는 간디의 말을 매우
좋아한다. 실제로 농업에 관한 충분한 고민이 담겨 있는 말

---

1. 7명으로 구성된 그룹으로, 사회 불평등, 이민, 인종 차별 등의 문제를 음악으
   로 담아 내고 있다.

이 아닌가! 각 개인은 전체의 생각을 알리는 하나하나의 전달
자들이다.

농업의 미래에 대한 진지한 고민은 교육, 전문 지식, 우리
가 살고 싶은 사회, 개인의 성숙이나 소외, 개인의 운명을 만
들거나 포기하는 것 등에 관한 논쟁을 향해 열려 있다.

동업 조합주의자들의 관점에서 벗어나 열린 시야를 가진
다면, 농민은 가장 중요한 문제를 제기할 능력을 지니게 될
것이다.

4. 영광의 시절의 소용돌이

인간이 사회를 정복하고 생활 환경을 지배한 후, 언제 그리고 어떻게 농업을 "변질시키고," 농민을 사회로부터 소외시켜 땅에서 나는 먹거리를 공장에서 만들어진 생산물로 대체했을까? 언제부터 먹는 즐거움이 인스턴트 식품에 대한 두려움으로 바뀌었는가? 어떻게 생활의 지혜를 자신의 건강을 담보로 한 어마어마한 복권으로 변질시켰을까? 큰 변화는 바로 영광의 30년 동안 일어났다.

현실적인 파급 효과로 판단한다면, 요컨대 그것은 영광 없는 영광의 시간이었다. 30-40년간의 영광의 시간 동안에 ― 이후 더 이상 그런 시간은 오지 않았다 ― 농업은 식량의 자급자족을 위해 전력을 다했다. 성장이 멈추거나 정체된 바로 그 시기부터 모든 것이 무너졌다. 이때는 정치적으로 양적 증대라는 기획 하에 가능한 최대의 생산량에 도달한다는 목표와 전략을 채택했던 시기였다. 그렇지만 지금은 질의 보존을 생각해야 할 때이다. 우리가 농민의 미래에 대해 고민하지 않는다면, 지속적인 성장 속에서 농민은 제물이 될 것이다. 공적 지원 자금은 한계가 있으며, 시장이 무한하게 확대될 수 있는 것도 아니다. 사실 그동안 이러한 문제 제기가 없었다. 농민은 가진 것을 빼앗겼고, 자유롭게 무엇인가를 해나갈 힘도 없었으며, 정치 지도자들도 더 이상 결단을 내릴 능력이 없었다.

　　다음과 같은 예들이 있다. 매년 돼지고기, 가금류, 우유 생산이 보다 체계화되고, 따라서 우유로 크림과 버터를 만들어 마을에 내다 팔던 농민들이 원료 생산을 낙농업에 맡기자, 그들은 대부분의 능력을 빼앗겼다. 처음에는 생산을 체계화하고 분업화하는 것이 좋아 보였다. 우리는 생산만을 맡았고, 나머지는 다른 사람에게 위임했다. 그러나 이러한 위임에 의하여 농민이 능력을 잃어버렸다는 것이 문제이다. 곡물 생산 과정을 보면, 그 또한 상실과 위임의 과정이다. 농민들에게 경작지가 점차 황폐화되는 것을 상관하지 말고("염려하지 마시오, 고갈된 땅은 화학 산업으로 완전히 되살릴 것입니다") 헥타르당 생산량을 무제한으로 늘리라고 말하자마자, 농민의 능력은 자본주의 체제의 손아귀로 떨어지고 말았다. 자본주의 체제는 수익성을 늘리려 안간힘을 쓰지만, 농민의 책임과 농민이라는 직업의 가치에 대해서는 고민하지 않았다. 오직 생산성만을 중시했으며, 나머지 다른 면들은 외면했다. 이에 대한 공적 해결은 보조금이라는 신비의 양식을 도처에 뿌린 것뿐이었다.

농촌의 파괴, 잘못된 경지 정리와 통합은 정부가 투입한 공적 자금, 시민과 납세자의 세금으로 이루어졌다. 농부는 산업 체제에 맞춰 생산 방식을 변형한 순간부터, 그리고 스스로 기업을 위한 생산업자가 된 순간부터 자신의 능력을 잃었다. 기업은 총생산량 증대를 위해 정부에 많은 것을 요구했다. 게다가 이러한 변화에 수반되는 비용은 전적으로 사회가 책임지도록 했다. 따라서 정부는 "시장"의 논리에 묶여 있는 셈이다. "여러분은 식량 자급을 위하여 선택을 해야 합니다. 우리는 준비되어 있습니다. 우리는 기계 장치를 손에 쥐고 있습니다. 우리는 한편으로 원료를 공급하는 농민을 휘어잡고 있으며, 다른 한편으로 변화와 분배에 필요한 모든 도구를 가지고 있습니다. 결정권자인 여러분이 우리가 더 전진할 수 있도록 도와주십시오."

우리는 권력에 눈 먼 농업경영자조합 전국연합(FNSEA)[1] 이 농업 정책에 관해 차기 정부와 손을 잡았다고 비난했다. "FNSEA는 최고이고, 사람들은 결정을 내려야 할 것이다." 이 말을 살펴보면, 농부는 떠밀려 전장에 나간 병사에 지나지 않으며, 시민들이 농민을 꼼짝 못하게 한다는 부정적이고 왜곡된 이미지가 널리 퍼져 있는 것 역시 FNSEA의 책임이 크다는 것을 알 수 있다. 농업부 관리들과 브뤼셀의 위원들은 이 대표단의 주요 활동에 의지했다. 농업 경영인들은 자포자기하듯이 몇몇 "책임 있는 전문가들"에게 모든 권한을 넘겼다.

---

1. 1960년대 이후 프랑스에서 가장 영향력 있는 농업 단체.

이 선지자들은 점차 자신의 농장에서 멀어져 갔고, 이미 오래전부터 농민으로서의 뿌리를 잃었다. 그들은 계속 농장을 소유하고 있었지만, 주말에나 들를 뿐이었으며, 원칙적으로 농장은 더 이상 그들의 수입원이 아니었으므로, 그들의 경제적, 사회적 생산 기반이라 할 수 없었다. 신귀족이 된 그들은 뒤를 돌아보지 않고, 권력의 곁에서 편안히 의자에 앉아 진흙 묻은 장화를 조금씩 잊었으며, 농업의 역할과 사명까지도 잊었다.

　이러한 위기에 대한 진짜 책임은, 수요에 맞춰 공급을 관리해야 한다는 말을 귀담아 듣지 않은 사람들, 다시 말해 그 모델을 처음부터 재검토하지 않은 사람들에게 있다. 그들은 보통 경제 분야의 결정권자들이다. 또한 농업경영자조합 전국연합이라는 탐욕스런 사람들의 인적 네트워크를 가리키는 것이다. 이 단체의 구성원과 부의장은 지방 차원에서, 생산자 단체, 동업 조합, 농협 은행, 농민 공제 제도, 그루파마Group-ama[1]를 관리하고 있다. 농촌건설 토지정비회사(SAFER) 안에서 토지세를 관리하던 관리자들도 포함된다. 모든 권한을 손에 쥔 이들은 종종 국가적 차원의 정책을 지지하고, 또는 그들의 관점에서 정책 방향을 전환하기도 한다. 그렇지만 자신들이 위기에 몰리게 되면, 그들은 힘없는 소농들을 위기와 폭력으로 내몰 것이다. 이들은 더 이상 잃을 것이 없는 보병들의 등을 떠밀며, 자신들의 슬로건을 강요할 것이다. "우리

---

1. 협동조합과 농업 관련 부서에서 비롯된 보험 상호 공제 조합.

는 결정을 따르지 않는다. 그 결정은 고위층의 정책일 뿐이
다. 그러나 이 정책은 일관성이 없으며, 우리를 도와주지 않
는다." 시위에 참가하지 않은 사람들은 최악의 상황을 어쩔
수 없이 견딜 수밖에 없다. 자살이라는 극단적인 방법으로
농업을 떠나는 사람도 있었으며 ─ 여러 번의 자살 사건이
있었다 ─, 우울증 환자의 수도 늘어났고, 그로 인해 병원에
입원하는 환자의 숫자도 심각했다. 그들은 치료를 받고 집으
로 돌아오더라도 다시 일을 저지르고 병원으로 되돌아가곤
했다. 그들 대부분은 약에 의지해 살아가야 했으며, 결국 그
러한 상황을 극복하지 못하고 빚만 떠안은 채 직업을 포기했
다.

농민연맹은 공공건물을 부수고, 그곳에 오물을 끼얹고,
자동차에 불을 지르는 것과 같은 거리의 폭력을 거부했다.
폭력은 그들의 철학이 아니다. 농민연맹은 시민들과의 화해
를 위해 투쟁을 이끌었다. 우리는 시민들이 자각하려 하지
않는다는 점을 매우 안타까워했으며, 그들이 위기 속에서 우
리에게 말을 거는 사람들, 농업을 관리하는 사람들, 폭발한
군중들을 부추기는 사람들, 그 누구도 모른 체한다는 점을
매우 유감스럽게 생각했다. 40여 년 전부터 정치가들을 조종
하여 마음대로 부리던 사람들은 환경부까지 곤경에 빠뜨리
고 있다. 이것은 모순이며, 시민은 이 이중적인 태도에 대하
여 잘 알고 있어야 한다.

선동가들은 농민연맹의 시위가 변질되어 마침내 자신들
이 원하는 대로 소농들의 가치를 떨어뜨리고, 그들을 파괴시

킬 것이라는 점에 관심을 가졌다. 선동가들은 농민들을 없애기 위하여 그들을 마치 전장의 보병처럼 이용했다. 상황이 소생산자들에게 불리해질수록 폭력적인 행동을 낳는다. 위기에 처한 기업들은 소농들을 조종하고, "위기에서 벗어나기 위하여" 그들을 길로 내몰며, 언제나 추가로 생산을 늘릴 필요가 있다는 생각을 지니고 있었다. 그들은 시장을 개방하고, 가격을 파괴할 것이다. 그러한 체제 안에서 결정권자들은 자신들이 어디로 향하고 있는지를 안다. 그러나 불행히도 대다수의 농민들은 자신들이 어디로 가는지를 모른다. 그들은 정확한 이해 없이 새로운 생산 체제를 받아들인 것이다. 시민이 앞장서서, 이러한 상황의 책임 소재를 정확하게 밝혀, 이번에야 말로 그 책임자가 여론의 지탄을 받도록 하는 것이 올바른 시민 정신일 것이다. 농민들이 분노하고 있을 때, 모든 농민을 똑같이 취급하는 것은 잘못이다.

농업을 다시 세우기 위하여 시민들과 지속적으로 대화하고자 하는 농민연맹은 그들에게 모든 진행 과정을 알리고, 농민과 시민이 서로 이해하고 화해하기를 호소하며 악에 맞서 싸우고자 했다. 이것이 농민의 위상을 새롭게 만들어 나가고, 먹을거리의 안전성을 원하는 대다수 사람들의 요구에 부합하는 길이라고 생각했다. 우리는 근본적으로 다양한 기반 위에서 다시 시작하고 싶었고, 농민 없이는 그것을 수행할 수 없었다. 그러나 대부분의 농민은 고생을 하며 힘겹게 살아가고 있기 때문에 그들에게 이러한 메시지를 이해시키는 일은 쉽지 않다. 농민들이 이미 교착 상태에 빠져 있다면,

새로운 방향으로 나가도록 그들을 이끌 만한 적절한 때는 아니다. 대다수 농민들은 체제를 바꾸기 위한 전략을 심사숙고하여 채택해야 함에도 불구하고 그대로 굴복하고 만다. 사태가 더욱 악화되지 않는다고 하더라도, 요컨대 사람들이 농민들의 선량한 의지를 알아준다고 하더라도 그것은 여전히 어려운 일이다.

프랑수아 뒤푸르는 1985년에 생산주의 시스템과 단절했다. 그는 왜 생산주의 농업을 거부했을까?

1970년대, 나는 어떻게 살아 있는 것들과의 관계를 저버렸나? 당시 매력적이었던 생산주의 시스템은 젊은이들의 주변에서 그들을 유혹했다. 우리는 지체 없이 현대화라는 거대한 모험을 감행했고, 덜 열악한 조건에서 일할 수 있게 되었으며, 수입을 늘리고, 성장의 결실을 맛보았고, 우리 부모님의 농장을 발전시켜 갔다. 우리는 미친 듯이 앞으로 달리며 경쟁하기 시작했고, 사료 생산량을 늘릴 방법의 일환으로 옥수수 경작을 도입했다.

이러한 단일 경작이 5-6년 지속되자 땅은 메말라 갔으며, 토양은 부식토가 줄어들어 척박해지고 점차 죽어 갔다. 화학 비료의 양을 늘려야 했다. 그러나 임시방편에 불과한 화학적 처방에는 많은 비용이 들었다. 어려움은 더욱 커졌고, 축산업에서처럼 작물 수확에서도 불균형이 나타났다. 그러한 처방은 결국 농장 경영에 필요한 예산을 불안정하게 만들었다.

가축들이 먹는 사료에 문제가 생기자 빈번하게 수의사를 불러야 했고, 가축들에게 미네랄이나 비타민 같은 약품을 더욱 많이 먹여야 했다. 불균형이 더욱 심화되면서, 결국 원료나 식품을 사들여야 했다.

새로운 생산 방식은 아주 작은 돌발적인 일기 변화도 작업을 늦출 수 있다는 것을 예측하지 못했다. 그 시스템에 따라 농민들은 4월 15일에서 30일 사이에 메마른 땅에 힘겹게 옥수수를 파종했다. 만일 파종 후 이틀 동안 바람이 분다면, 땅은 갈라지고 옥수수 싹은 돋지 않을 것이다. 만약 6월에 싹이 난다고 해도 날씨가 약간만 서늘하면 옥수수는 얼어 보랏빛으로 변해 버릴 것이다. 그러면 우리는 질소가 첨가된 비료를 주어야 한다. 생산량은 줄어들고, 냉해를 입은 옥수수에 약을 쳐야 하므로 생산 비용은 증가한다. 이것은 생산주의 시스템의 허술함을 보여 주는 예이며, 우리는 경험을 통해 그것을 알고 있지만, 브뤼셀에서는 모두 모른 척하고 있다.

10월에서 이듬해 4월까지, 옥수수 사이마다 이탈리아 산 레이그래스 ― 가축 사료용 ― 를 심는다. 강행군이다. 수액이 아래로 흐르는 가을에 그것을 심으면, 잘 자라게 하기 위해서 지속적으로 비료를 공급해 주어야 한다. 그리고 4월 15일이 되면 다시 옥수수를 심기 위하여 일찌감치 레이그래스를 거두어들인다. 사람들은 밤에 사일로를 만들고, 밭을 갈고, 퇴비를 뿌리고, 그 다음날 파종한다. 무리하게 속도를 낼 수밖에 없다.

봄에, 사료용 옥수수를 생산하기 위하여 더 많은 씨앗을 뿌리면 뿌릴수록, 정작 가축에게 필요한 초지는 점점 더 사라져 간다.

건기인 7월에는 풀이 부족해진다. 그때는 건초에 덮개를 씌워 저장해 두었던 사일로도 바닥이 난다. 다음 겨울을 대비해 저장해 둔 것인데도 말이다.

토양의 급격한 변화, 사일로의 원가, 사료 비축 비용, 질소 비료, 콩과 식물, 분말 사료, 투자 자본 등 모든 지출은 농민의 혼을 빼고, 그들을 곤경에 빠뜨린다. 그리고 막상 결산을 해보면, 이익은 기업과 은행에만 돌아갔다는 것을 알게 된다.

우리는 가족이 모여서 토론했다. "더 이상 이런 식으로 계속할 수는 없어요. 이 생산 시스템은 최소한의 수입도 보장하지 못합니다. 밖에서 사들인 재료들을 가지고 오히려 농업을 죽이는 일을 하고 있지 않습니까?" 바로 이러한 의문이 출발점이 되었다. 무엇인가 상황이 좋지 않았고, 우리의 사료 생산 시스템에 대하여 다시 생각해야 했다. 또한 토양, 노동 조건, 삶의 조건, 소비자와의 관계까지 재검토해야 했다. 생산량 증대를 위해 외국에서 점점 더 많은 것들을 들여와 사용해야 한다면, 식품의 질이 떨어질 것은 자명한 일이며, 이것은 이미 입증되었다. 그렇다면 이러한 상황에서 농업은 어떻게 될 것인가? 5년이나 10년 후를 생각해 보면, 물론 총수익은 증가할 지도 모르지만, 우리는 결국 한 기업을 위해서 일한 것임을 알게 될 것이다. 그 기업은 새로운 기술을 강요하면서, 우리의 이성을 마비시켰다. 나는 생각을 같이하는 다른 활동가들과 토론 끝에 이러한 결론을 내렸다. "이제 멈추어야 한다. 기계에서 발을 빼고, 악순환에서 벗어나야 할 때다."

우리의 여정은 외롭지 않았다. 우리 주위에는 자연 친화적인 방식으로 전환하려는 사람들이 많았다. 많은 농민들도 이 지옥 같은 악순환에서 벗어나기를 간절히 원했던 것이다. 그런데 그들은 왜 당장 행동에 옮기지 못했는가? 그들은 투자라는 덫에 걸려 있었기 때문이다. 생산주의 농업이나 집약 농업을 선택했을 때, 그들은 농장 건물을 배터리식 축산이나 땅을 배제한 농업에 적합하게 개조했고, 이전에 사용했던 기술과 생산 방식을 완전히 없애 버렸던 것이다.

만약 여러분이 사업 계획서를 들고 은행을 찾아간다면, 아마도 또 다른 계획서를 가지고 은행 문을 나서게 될 것이다. 여러분이 작은 작업장을 마련하거나 트랙터를 사고 싶다면, 대출업자는 절대 융자해 주지 않을 것이다. 수익성이 없는 일이기 때문이다. 거대한 투자 조직, 즉 생산자 단체의 허가를 받고 관련 산업의 범주 안에 있는 여러분은 악순환에 빠지고 만다. 이 새로운 시스템에서 일하기 시작하면, 여러분은 자신의 수익을 늘리기 위해서가 아니라 융자금을 갚기 위하여 생산량을 늘리고 생산주의 기술을 받아들여야 한다. 기술 선택을 강요받는 농민은, 농업과 자연과의 관계를 단절시키는 칼날로 변하게 된다. 농민을 조종하는 최고의 방법은 그들을 끊임없이 빚더미에 눌려 있도록 하는 것이다. 매일 아침, 여러분은 "오늘도 은행에 빚을 갚아야 합니다. 기업과 조직을 위해 일해야 합니다"라고 말하는 것 같은 자명종 소리를 들으며 생산주의 시스템으로 들어가는 것이다. 거기에서 생기는 수익은 여러분 자신이나 가족을 위한 것이 아니라 여러분이 살찌워 주는 기업의 몫이다. 여러분은 스스로 제어할 수 없는 심각한 위기에 빠져 있다. 과잉 생산으로 인한 시장의 불균형은 가격 하락을 부추겼다. 여러분은 너무나 급격한 변화를 겪고 있다. 위생상의 위기도 마찬가지이다. 대규모 집약적 축산에서는 많은 가축들이 한 장소에 모여 있다. 가축들은 가두어둘수록 더 약해지고, 농장은 지속적인 어려움과 혼란에 빠지게 된다. 새로운 생산 시스템이 지닌 사슬의 양극단을 잘 생각해야 한다. 긴급한 위생상의 문제가 생길 때마다 그것을 해결하기 위하여 그 시스템으로부터 기술적 원조를 받으려면 심사숙고해야 한다. 그러나 여러분은 수익이 될 만한 것을 찾느라 더 이상 깊이 생각할 시간이 없다. 여러분은 쉰 살이 다 되어서야 이렇게 생각한다. "빨리 이 악순환에서 벗어나자!"

많은 농민들은 이러한 난관에 봉착해서 그 원인들을 분석하지만, 그들은 이미 돌이킬 수 없는 상황에 빠져 헤어나기 어렵다. 만약 여러분이 돼지나 가금류를 거대한 산업적 축산 형태로 생산하고 있다면, 여러분도 어느 날 갑자기 그러한 본보기가 될 것이다. 반대로 가축이 풀을 뜯는 땅에 발 딛고 서 있다면, 스스로 결정할 수 있는 폭이 넓기 때문에 여러분은 보다 쉽게 실행 방법을 변화시킬 수 있다. 하지만 이렇게 하기 위해서는 여러 요소들이 서로 잘 어울려야 한다. 그렇지만 어떤 기관도 우리가 새로운 상황에 적응하도록 도와주지 않았으며, 모든 것은 주도권을 가진 생산주의 시스템으로 향해 있었다. 완전히 생각을 바꾸고, 더 이상 실패하지 않기 위해 새로운 방향으로 전환하려 한다면, 여러분은 광활한 사막에 혼자 놓인 것 같은 처지가 될 것이다. 운이 좋으면, 여러분은 뜻을 같이하는 사람을 만나 서로 정보를 교환하자고 약속할 수 있다. 이렇게 하여 서로 돕고 의견을 나눌 수 있는 열린 대화 상대가 있는 친밀한 모임을 만들 것이다. 그 모임의 도움을 받아 여러분은 주류 밖에 있는 사람들과 긴밀한 관계를 가지고, 이러한 상황에서 빠져나올 수 있을 것이다.

대부분의 농민은 채무가 가중될 수밖에 없는 시스템 안에 있기 때문에 그들은 천천히 새로운 상황에 적응할 수 있어야 한다. 당면한 문제를 꼼꼼히 따져보고, 원인을 잘 살피고, 최대한의 자율성을 회복해야 한다. 그것은 부채에서 벗어나는 데 필요한 신용 기관으로부터의 자율성, 다시 말해 우리의 노동을 존중하지 않는 상업화된 유통 체계에서 벗어날 수 있는 자율성을 말한다. 이미 40여 년 전부터 농민들은 도시에 물건을 내다팔 때 스스로 가격 결정을 하지 못했다. 만약 농민이 생산품을 어떤 기업에 판다면, 그들은 더 이상 상품 가격을 결정하는 주체가 될 수 없으며, 기업은 농민에게 그들이 정한 가격을 강요할 것이다. 그때 기업은 당연히 다른 곳에서 결정한 낮은 가격을 기준으로 한다. 기업은 농민의 생산 비용을 고려하지 않고, "자, 이것이 오늘 여러분에게 지불할 가격입니다"라고 결정해 버린다. 농민들이 조금씩 자율성을 회복한다는 것은 무슨 의미인가? 그것은 농민이 생산물의 판매 가격을 협상하는 것이며, 스스로의 권리를 회복하는 일이다. 권리? 살아 있는 것과 소비자, 나아가 살아 있는 것과 시민을 다시 연결하는 권리 말이다. 우리의 뿌리를 되찾고, 땅에 다시 발을 딛고 일어서기 위한 모든 조건들을 처음부터 끝까지 회복하지 않고서는 재전환과 구원은 불가능할 것이다.

우리는 10여 년 동안 성공적으로 방향 전환을 했으며, 이러한 긴 과정을 거치는 동안 생각하고 행동하는 자유를 얻었다.

5. 공동농업정책의 실제 비용

수십억 프랑이라는 숫자가 붙은 이 정책의 실제 비용을 산출해 보자. 유기 농산물 생산 비용과의 비교가 CAP(공동농업정책)에 불리하지 않도록 비용 손실을 아무리 최소화하더라도 결국 수익성이 없다는 것 (생산량을 근거로 하더라도)이 드러난다.

40여 년 전부터 믿기 어려울 만큼 엄청난 자금이 쏟아 부어졌다. 그것은 바로 소비자들을 위해 언제나 "가장 경제적이라고" 자부하는 고비용 농업의 부조리이다.

브뤼셀의 지원금은 개인에게 무엇을 빼앗아 갔는가?

유럽의 납세자들은 매일 아침 일어날 때마다 약 7프랑씩을 공동농업정책에 지불하고 있다. 이것에 대해 불만을 토로하는 시민들에게 정부는 국가가 공동농업정책에 지불하는

금액보다 지원금 명목으로 프랑스 농업계가 브뤼셀로부터
받아오는 자금이 너 많으며, 따라서 7프랑은 10프랑이 되어
우리에게 돌아온다는 논리로 반박할 것이다. 그럴지도 모른
다. 하지만 이러한 수익의 수혜자는 누구인가? 적어도 납세자
들은 아니다. 위원들이 말하는 소위 더 타당한 논리를 들어
보자. "우리는 사회가 바라는 것이 무엇인지를 알아야 한다.
그리고 만약 식탁이 늘 풍요롭기를 바란다면, 아침마다 기꺼
이 지갑을 열 수도 있을 것이다." 어쨌든 공동농업정책에 많
은 비용을 지불함으로써 양질의 생산물을 보장받고, 건강에
유익한 식품을 먹을 수 있고, 되풀이되는 건강상의 위기들로
부터 벗어날 수 있다면 더 무엇을 바라겠는가! 그러나 모든
것은 그 반대이다. 즐거움을 가져다주고 건강한 먹거리를 안
겨 주던 암소는 사라졌다. 불행한 농민이 행복한 소비자를
만들어 낼 수는 없는 것이다.

생산 집중이 절정에 달했던 — 축사와 가금 사육장이 필
요 이상으로 확장되었던 — 시기에, 사람들은 이러한 발전
모델이 가져올 역효과는 고려하지 않고, 그것이 가져올 수익
성에만 집착했다. 사육에만 치중하는 산업 논리는 항상 더
낮은 가격으로 판매하기 위하여 생산에 전념하는 것이다. 시
범 거래에서 표준 규격의 닭은 킬로그램당 10프랑, 돼지고기
는 킬로그램당 7프랑, 파동 기간에는 5프랑으로 거래되었다.
여기에서 돼지고기의 경우 새끼돼지의 구입 비용, 사료 비용,
축사의 감가상각비, 물과 전기 비용만을 덧붙여서 농부들에
게 9프랑씩 돌아갔다. 다시 말해, 이 9프랑 안에는 농민의 노

동 비용은 포함되어 있지 않으며, 부가적인 효과도 계산하지 않는다. 우리는 이러한 표준화 과정에서 발생한 모든 문제들, 예를 들어 상당수 농민을 약화시킨 많은 위기를 사회가 책임지도록 했다. 과잉 생산을 통해 저가로 시장에 적응하는 방식은, 매번 수많은 농민을 소외시키면서 고의적으로 위기를 초래한 셈이다. 자신의 일을 잃어버린 농민들은 실업 수당도 받지 못한 채, 다른 곳에서 새로운 일을 찾아야 했다. 정신적 · 사회적 피해는 엄청났으며, 단순히 농민 당사자만이 아니라 한 순간에 그의 가족과 그를 지지하고 의지했던 모든 사람들이 파탄에 이르렀다. 생산 현장 밖에서 일어나는 일을 책임져야 하는 것은 사회이다. 과로, 스트레스, 우울증 때문에 그들의 건강이 나빠지는 것은 차치하고라도 말이다.

공동농업정책이 가져올 행복한 미래를 기다리는 정부는 종종 우리의 관심을 끌 만한 농산물 수출을 제시해 왔다. 그러나 이 농산물을 생산하기 위하여 사들인 원료의 비용과 판매하는 제품의 가격을 비교해 보면, 우리의 이익이 너무도 작다는 것을 잘 알 수 있다. 게다가 프랑스 서부나 몇몇 유럽 해안 지역의 돼지와 가금류 생산 지역에서 소비되는 에너지 비용도 포함시켜야 한다. 첫 번째 청구서는, 이러한 축산업에 필요한 원료 이동에 따르는 에너지 비용에 관한 것이다. 어마어마한 양의 곡물 가루를 수입하기 위해 콩이나 마니오크 운반선들은 파격적인 가격으로 쉬지 않고 바다를 가로지른다. 두 번째 청구서는 가공된 육류를 전 세계의 소비자들이 마음껏 소비할 수 있도록 하는 데 드는 운반 비용이다. 파리

남부의 유료 도로를 이용하거나 피니스테르나 코트 다르모르에 등록된 트럭들의 수를 어림잡아 보는 것만으로도 끔찍한 교통 비용을 측정하기에 충분하다. 유통을 위해 냉장육이나 냉동육 상태로 운반해야 하는 냉각 운송 수단은 고비용 시스템의 전형이다.

나는 전 생산물이 브르타뉴로 모였다가, 밤새 타지역으로 운송되는 것을 목격하고는 이 끊임없는 이동을 난센스라고 생각했다. 사실 이러한 형태의 농업을 통해 농민은 소득을 내지 못했고, 소비자는 만족하지 못했으며, 환경 비용 또한 엄청났다. 결국 이러한 발전 모델에 막대한 국가 재정이 낭비되었으며, 그에 따르는 손실은 미래 세대로부터 빚지는 일이다. 국토를 망치고, 땅을 척박하게 만들고, 수십 년 동안 물을 오염시켰다면, 언젠가 그 대가를 치를 것이다. 그때 어떤 돈으로 막대한 환경 비용을 지불할 것인가?

결국 납세자인 시민이 손실의 채무를 떠안게 될 것이며, 거기에는 잘못된 지원금에 관한 비용도 포함되어 있다. 집약 농업의 화학적 영향은 일상생활까지 위협한다. 상황을 개선하려면, 우선 수질을 오염시키는 아트라진 같은 살충제나 제초제 농도의 허용치를 낮추어야 한다. 환경 재난은 기업의 총매출만을 늘린다. 사람들은 물을 마시기 위해 우선 공공 수로망에 돈을 내고, 다음으로 하천의 오염 제거를 위한 세금을 내고, 마지막으로 수돗물을 그냥 마실 수 없으므로 돈을 내고 식수를 산다. 또한 이러한 시스템은 전염병 같은 질병을 늘어나게 하기 때문에, 사람들은 **사회 보장과 보건 행정**

을 관리하는 데에도 세금을 더 내야 한다. 때로 농민은 부가적인 비용까지 부담해야 한다. 농장 가축들이 도수관으로 공급된 물이나 수돗물을 먹을 경우, 병에 걸리지 않게 하기 위해 필요한 탈질소용 "소형 기계"를 농장에 설치해야 하는데, 그때 지불하는 세금을 말한다. 이렇게 해야 하는 이유는 화학 물질이 첨가된 도수관의 물을 그대로 섭취하는 것이 어린 가축에게는 치명적이기 때문이다. 축산업자들은 물 정화 비용을 추가로 지불해야 하는 것이다.

이렇듯이 모든 것을 극단으로 몰고 가는 생산주의 시스템은 끝을 알 수 없는 깊은 구렁과 같으며, 우리는 수십 년 동안에 걸쳐 깨져버린 단지를 이제 와서 다시 붙여야 하는 것이다. 수출 지향의 집약적 가축 사육과 그에 따르는 가축 운반은 바이러스의 확산에도 치명적이다. 2000년에 전염병이 확산되자, 위기 상황에 대한 대책이 나왔는데, 이것은 상식을 벗어난 민중 선동책에 지나지 않은 것이어서 결국 농가 빚을 더욱 가중시켰다. 정부는 가축 도축 비용, 소각장과 폐기물 저장소 건설 비용 등으로 농업 예산의 상당 부분을 지출했으며, 2001년 초에 남은 예산을 완전히 탕진했다.

바닥이 보이지 않는 깊은 구렁에서 아주 적은 예산만이 보조금의 형태로 농민들에게 돌아갔다. 그러나 이것은 이 시스템에 의하여 가치가 떨어진 일들을 서둘러 마무리하기 위하여 특혜자들에게 보다 많은 이익을 준 조치에 지나지 않았으므로 이중의 역효과를 낳았다. 브뤼셀이 지원하는 금액의 80%가 20%의 소수 농업 경영인들에게 돌아갔다. 만인의 평등이라는 유럽의 원칙 아래, 전례 없는 가장 불평등한 분배를 적용한 것이다. 그것은 농장 규모에 따라 보조금을 분배하는 것이었는데, 지원금이 있지만 대다수의 농민은 아무런 지원도 받지 못하는 그런 기준이었다. 농업부 장관 장 글라바니Jean Glavany는 2001년에 140억 프랑의 지원금을 약속했다. 이 총액에서 2억 프랑은 돈을 빌린 사람들에게 자동적으로 지급되었는데, 이것은 커미션 비용을 부담하고 그들의 사회 분담금을 덜어주기 위해서이다. 투명하게 은행이나 사회 보장 제도를 상대한 사람들은 오히려 한 푼도 지원받지 못했다. 정당하게 사회 보장 규정을 지키며 살아온 그들은 공급업자들의 청구서에 지불하지도 못하는 처지가 되었다. 나머지 자금은 어디로 사라졌는가? 그것은 가난한 사람들의 눈앞을 그냥 지나쳐 버렸다.

이러한 불공정은 프랑스의 소규모 낙농업자들 대부분에게 타격을 주었다. 그들은 20-35마리의 젖소를 키우며, 10-15만 리터의 우유를 생산했다. 이러한 낙농업자들은 정부가 말한 농장 규모의 기준에 맞지 않았다. 소농들은 자신의 농장에서 자립하여 살아가고, 자신의 미래 또한 스스로 결정하지만, 해가 갈수록 더욱 허리띠를 졸라매야 했다. 소농장에서 육류 생산물의 판매, 즉 소의 도축·판매는 기껏해야 총매출의 10-15% 정도였다. 보조금을 받으려면, 농장의 전체 생산액 중에서 육류 생산이 30%를 차지해야 하는 "특수 비율"을 충족시켜야 했다. 당연히 그들은 한 푼의 지원금도 받지 못했다. 만약 그 해에 마리당 2,500프랑의 손해를 감수하며 네 마리의 소를 팔았다면, 그들은 10,000프랑의 손해를 입은 것이다. 이것은 가족의 두 달 반 소득과 같다.

최근 20년 동안, 위생이든 과잉 생산이든 시장이든, 위기 관리가 언급될 때마다 매번 지원금은 생산 규모에 비례한다는 단 한 가지 기준만 제시되었다. 중간 규모의 농장은 겨우 목숨을 이어갈 정도의 산소 공급만 받았다. 대형 농장에 가장 많은 보조금이 할당되었는데, 그것은 일종의 "기득권"이었다. 최하층에는 어떤 지원금도 없었다. 극단적인 부익부 빈익빈의 모습이다. 이러한 과정은 생산 집중을 부채질하고 농민을 사라지게 한다. 소농장들은 질식사하고, 중간 농장들은 다가올 또 다른 위기를 초조하게 기다리며 살아간다. 그러나 공공 자금을 차지한 대형 농장들은 다음과 같이 말한다. "우리만이 스스로 현실에 맞추어 나갈 능력을 가지고 있습니다. 경제부 장관님 감사합니다. 우리는 적응하지 못한 소농들이 처분한 토지와 생산물을 거두어들이고 있습니다." 반면에 정부는 가난한 자들에게는 아무것도 주지 않으면서 그들을 무시한다. 농민을 희생자로 만들고, 죄책감까지 느끼게 하며, 한편에서는 그들의 정신을 온통 빼앗아 버린다.

2001년 농업부 장관은 처음으로 보조금의 상한액을 마련했다. 우리는 새로운 조치에 경의를 표해야 하겠지만, 불행히도 그렇지가 않다. 그것은 보조금 혜택 기준을 바꾸어야 한다는 사실을 간과한 조치였다. 겨우 물 위로 머리를 내밀고 아슬아슬하게 견디고 있는 사람들은 여전히 익사할 위험을 안고 있다. 따라서 그런 식의 "분배"는 30년 전부터 해왔던 일을 여전히 되풀이할 뿐이다! 위기 때마다 재정비를 하고자 하지만, 결국 이러한 시스템을 견고하게 구축하는 결과를 낳는다. 테크노크라트들에게 재정비는 "가장 불합리한 정책"을 이끌어 내는 것을 의미하는 것 같다. 그렇다면 이 환경에 적응하지 못하는 사람은 누구인가? 경제적 관점에서 보면, 그것은 역량이 부족한 사람들이다. 그들은 가공할 메커니즘에 대해 어떤 결정적인 영향력도 행사하지 못한다. 양질의 생산을 위해 쉼없이 노력하는 농민들을 이렇게 무능력하게 만들다니, 얼마나 비상식적인 세계인가! 외부에 의존하지 않고 자립적으로 살아가려는 사육업자들은 가축에게 먹일 건초 사료를 직접 만들어 낸다. 그들은 나름대로 시스템을 제어하면서 가장 질 좋은 육류를 생산한다. 그들의 일관성 있고 투명한 생산은 위생상의 문제가 발생하는 위기 속에서도 위태롭지 않으며, 생산품은 비싸지 않은 값으로 시장에서 팔린다. 이들에게 용기를 주기 위해서라도, 소규모 생산 지역을 조사하여 소농에게도 필요한 보조금을 배분해야 할 것이다.

*

축산 농가들 역시 육류 유통 가격의 급락으로 타격을 입었다. 소위 폐기 소들의 상당수는 두 마리에서 네 마리의 송아지를 낳았는데, 그 고기는 실제로 육우보다 질기므로 질이 떨어진다고 할 수 있다. 우유 생산을 늘리기 위하여 소에게 동물성 분말 사료를 먹였던 농장들이 이러한 일련의 사태에서 최대의 피해자였다. 사람들은 의심의 눈초리를 보내며, 폐기된 소의 고기로 만든 스테이크를 외면했다. 그러므로 진짜 보조금이 필요한 대상을 신중하게 선정해야 했지만, 불행하게도 위기 때마다 제대로 된 보조금 지원 기준을 찾아볼 수 없었다. 농민들은 라디오나 텔레비전을 통해 보조금이 지급된다는 사실을 알고 있었지만, 지난 30년간 그 어떤 위기 상황에서도, 그들 중의 60-70%는 매번 최소한의 보상금조차 받지 못했다. 반면에 이러한 농업 시스템에서 보조금은 무수한 여론을 잠재우는 데 낭비되었다. 이것은 고의적인 누락이라 할 수 있다.

유럽연합은 농업인들에게 생산자 단체를 구성할 것을 강요했다. 언뜻 보기에는 생산 규모를 제어하기 위해서 조직을 구성하는 것은 좋은 일이다. 그러나 해가 지나면서 농민들은 자신들을 하나의 틀이나 통일된 모델에 맞추려는 조합의 운영 방식 때문에 낙담한다. 농민은 자립적으로 살아가고 싶어 하지만, 결과적으로 조직을 만들지 않은 농민은 지원금의 수혜자 명단에서 제외된다. 매년 약 5만 명의 생산 인구가 농업을 떠나고 있으며, 당분간 그 수는 줄지 않을 것 같다. 반면에 새로 농업에 정착하는 젊은이는 해마다 만 명 정도이다. 모든 것이 차단되어 사람들이 점차 줄어드는 이런 시스템에서는 농업 지원금 제도가 있다고 하더라도, 그 혜택 기준을 충족시키지 못하는 농민들은 돌아오지 않을 것이다. 농부라는 직업은 의지에 따라 좌우되는 것이 아니다. 이제 또 어떤 직업을 망쳐놓을 것인가?

요컨대 해마다 4만 명의 생산 인구가 실업자가 된다. 이 것은 국가에도 큰 손실이다. 정부가 지불하는 실업 수당, 그 들이 더 이상 지불할 수 없는 사회 보장 제도 분담금, 소외되 었다고 생각하는 실업자들에게 지불되는 정신 치료를 포함 한 의료 보험료, 최소 생계조차 불가능한 상황에서 야기되는 소비 감소 등을 덧붙인다며, 전체적으로 한 사람의 실업자에 게 들어가는 사회 비용은 일 년에 25만 프랑이다. 4만 명으로 환산하면 엄청난 숫자이다. 이것이 첫 번째 부정적 효과이다.

두 번째 손실은 국가가 농업을 지속적으로 재정비하는 데 지불하는 비용에서 발생한다. 농업을 포기한 농장의 경우 를 살펴보자. 종종 농장주들은 보상금이나 공적 지원금의 혜 택을 받지만, 이러한 혜택을 받는 순간부터 그들은 자신의 우선권을 포기하는 것이다. 그러고 나면 그들은 그저 농촌에 쉬러 오는 도시인들에게 자신의 건물이나 토지를 판다. 따라 서 농장주는 사라지고, 농민은 여러 해 동안 받았던 모든 지 원금을 강탈당한다.

세 번째 역효과는 다음과 같다. 모든 공식적 변화와 재조 직은 이웃의 농민들까지 규모 확장의 경쟁에 끌어넣는다. 농 장의 규모를 확장하는 일에는 상당한 비용이 든다. 보조금을 지원 받을 수 있는 농민의 범주에 포함되어야만 저리의 대출 금 혜택을 받을 수 있다. 지원금을 얻어낼 때마다, 농민들은 정부를 향해 이렇게 말한다. "근처 농장이 비어 있어서, 제가 그 농장을 매수하려 합니다. 농장 규모를 확장하려고 하는데, 재정적으로 좀 어려워요. 제게 저리로 자금을 좀 융자해 주셨으면 합니다." 이러한 확장을 위해서는 상당한 금액을 대출받아야 한다.

농업에는 약 80개의 지원 항목이 있는데, 사람들은 매년 거기에 천문학적인 비용을 소모한다.

마지막으로 아주 중요한 것이 남아 있다. 점잖게 표현하면 "확장에 따른 토지 이외의 부정적 환경 요인"이라고 할 수 있는 가금류의 배설물 처리나 지하수층의 오염 처리에 드는 모든 비용이 여기에 속한다. 브뤼셀이나 프랑스 정부가 해마다 수로를 정화하거나, 하천 유역의 옥수수 밭에 축적된 질산염 때문에 망가진 배수 펌프장을 보수하기 위하여, 여러 지역에 배분하는 총비용을 계산해 보는 것도 흥미로울 것이다.

또한 생나무 울타리를 뽑아낸 뒤 약해진 강둑을 보수하기 위해 수로를 따라 풀과 나무를 심는 비용도 모두 생산주의 농업의 전체 비용에 포함시켜야 한다.

이것이 40년 동안 지속된 농업 정책에 관한 재정적 측면에서의 종합 평가이다. 생산주의 농업 정책은 한편으로 지속적인 농업의 재정비를 위해 상당한 지원금을 쏟아 부었으며, 다른 한편으로 미래 세대에게 척박해진 모든 것들을 복구해야 하는 수고로움을 남겼다.

어떤 곳에는 생산이 집중되고 있는 반면에, 저평가되어 버려진 지역은 불균형과 되풀이되는 위기로 침체되어 있다. 프랑스 서부 지방에는 생산이 집중되면서 에너지 비용도 높아졌다. 가금류나 돼지고기 생산은 대부분 서부에 집중되었으며, 곡물류 생산은 일-드-프랑스 지역에 집중되었다. 농민들은 바다 건너에서 질소를 함유한 단백질 사료를 사들여야 했으며, 프랑스 서부 지역으로부터 유럽을 가로질러 육류를 보급해야 했다.

이러한 대소동은 어디에서부터 비롯되는가? 산업형 축산의 경제적 이익은 무엇인가? 결국 이러한 광적인 성장은 육류 소비의 감소로 이어졌다. 광우병 파동으로 많은 사람들이 자신의 의지와는 무관하게 채식주의자가 되었다. 그것은 그 자체로 그리 나쁜 일은 아니지만, 농업에는 재난이 닥쳤다.

환경을 훼손시켜 가면서(토양과 지하수 오염, 중금속 함유량의 증가) 부를 이루었다는 점이 가장 큰 경제적 실수이다.

마침내 산업형 생산의 실천 과정에서, 재건을 위해 파괴한다는 논리를 허용하고 말았다. 우리는 건설업자들에게 끌려 다닌 셈이다. 2005년, 프랑스는 고속도로망 건설을 통해 새롭게 구획될 것이다. 그렇다고 기존의 것을 모두 없애고 새로운 것을 건설한다는 의미는 아니다. 작은 마을에서 다른 마을로 이어지는 길을 확장할 것이며, 계속해서 새로운 길을 만들 것이다. 건설 작업을 위한 건설 작업이 필요하다. 또한 숲은 아스팔트로 포장된 길로 둘러싸이게 될 것이다. 불필요한 설비로 산업이 변질되는 일이 "일상적"인 것이 되었다. 재처리 공장들 덕분에 융성했던 헤이그는 많은 작은 마을들에 재정적인 보답을 했다. 주민수 300여명의 몇몇 마을들은 소득세로 일 년에 백만 프랑을 걷었다. 지방 의원들은 이 돈을 어떻게 써야 할지 몰랐다. 그들은 고민 끝에 마을의 구석진

곳에다 콘크리트 작업을 하기로 했다. 도처에 교두보를 설치하고, 마을 간에 연결된 수로에 시멘트를 발랐다. 그런데 노르망디 지방의 오스몽빌-라-프티트에서, 20분 정도 거대한 폭풍우가 몰아친 후 마을의 집들이 모두 잠겨 버린 일이 있었다. 80세의 어떤 할머니는 물에 빠지지 않으려고 식탁 위로 올라가려 했지만, 곧 균형을 잃었다. 순식간에 집안에는 천장까지 물이 차올랐으며, 할머니는 주검으로 발견되었다. 어떤 이들은 가까스로 마을을 빠져 나왔다. 국토 개발 전문가들은 물이 그렇게 빨리 밀어닥칠 것이라고는 생각도 하지 못했다. 마을 곳곳이 콘크리트로 덮여 있었기 때문에, 밀려오는 물에 가속도가 붙을 수밖에 없었다. 사람들은 마을의 수로와 키 큰 풀들이 제동 장치 역할을 한다는 사실을 잊고 있었다. 산업을 발전시키기 위하여 모든 것을 콘크리트화하는 것이 착오였음을 알게 되었다. "생산을 위한 생산"이라는 잘못된 생각은 농업을 오염시켰다.

*

필연적인 결과가 적기에 숫자로 나타났다. 그에 대한 분석을 보면, 공동농업정책이 얼마나 잘못된 것이며, 우리가 그에 대한 비용을 대신 지불하고 있다는 사실을 알 수 있다.

생산 제일주의 시기에 사회는 식료품 생산에 드는 비용을 줄이고, 농업이 경쟁력을 갖게 하는 데 더 많은 비용을 지불했다. 결국 오늘날 시민들은 모든 위생상의 위기에 대한 비용을 지속적으로 부담해야 하며, 과거의 생산 시스템이 깨비린 항아리 조각을 붙이기 위해 애쓰고 있다. 끝내 폭발하고 말 발전 과정에 드는 비용을 사회 전체가 지불하고 있는 셈이다. 1998년 유럽공동체는 돼지 페스트를 퇴치하기 위하여 네덜란드에 5억 유로를 지불했다. 당시 광우병이 최고조에 달했고, 다이옥신의 위험이 널리 알려져 있었으며, 이러한 유형의 다른 재앙도 있었다. 오늘날 유럽 예산의 일부는 가축 전염병 관리에 사용된다. 예를 들어, 소의 다공성 뇌질환(광우병)에 대한 총 부담액은 유럽연합 내에서 대략 450억 프랑으로 증액될 것이다. 450억 프랑은 유럽연합이 매년 프랑스에 제공하는 예산의 3분의 2에 해당하는 엄청난 금액이다. 오늘날 축산업자들에게 지원되는 14억 프랑은 — 손실을 보상하기에 어림도 없는 — 세계화를 목표로 한 무책임한 산업 시스템이 탕진한 450억 프랑에 비하면 매우 적은 부분에 지나지 않는다. 영국의 동물성 분말 사료 제조업자들은 이에 답변을 해야 할 것이지만, 문제는 그들만이 피해에 대한 책임을 지는 것이 아니라는 점이다. 결국 피해는 유럽에 사는 모든 납세자들에게 돌아가며, 그 가운데 제일의 희생자는 농민들이다. 게다가 믿을 수 없는 것은 이러한 광기의 시대에, 영국에서 병든 소들이 무제한으로 폐기되고 있던 바로 그때, 프랑스의 동물성 분말 사료 제조업자들은 그것을 헐값에 사들여 정신없이 돈을 벌어들였다는 것이다. 농식품 산업은 결코 돈을 만들어 내는 산업이 아니다. 당시는 농업 재정비 사업이 급증하던 시기로, 농식품 산업은 수십억 프랑을 투자해

5년 내에 수익을 올리려 했다. 어쩔 수 없이 피해의 공동 책임자가 된 납세자와 그러한 메커니즘에 희생된 농민은 부당한 이득을 취하는 사람들의 모습에 절망했다. 자금이 농업의 가치 있는 다른 부분에 투입되어야 함에도 불구하고, 현 사회에서는 생산주의 농업이 낳은 피해를 보상하는 데 쓰이고 있다.

프랑스 정부는 자국의 농업이 세계에서 가장 훌륭하다고 자랑하지만, 이러한 평가를 어떻게 설명하고 증명할 것인가?

가장 훌륭한 일은 물론 수익을 올리는 것이다. 그렇지만 전체 대차대조표는 우리가 분석했던 것처럼 치명적이다. 우리의 기술은 물론 세계 최고이다. 프랑스는 매년 태어나는 새끼 돼지 숫자에서 선두에 있으며, 산업형 축산에서 가금류 생산성은 최고이며, 어떤 지역에서는 헥타르당 곡류 생산량이 세계 최고이다. 그리고 포도 재배나 수공제품처럼 높은 부가가치를 창출하거나 매우 공들여 만든 제품들도 탁월하다.

그러나 한 가지 분명한 사실은, 농업의 위기에서도 우리는 선두에 있으며, 사회적 위기도 마찬가지이다. 세계 시장으로의 수출을 늘릴수록, 그만큼 많은 농민을 잃는다. 우리도 영국만큼이나 심각한 사회적 위기를 겪고 있음을 기억하자.

6. 저질 먹을거리에서 "양질의 먹을거리"로

1980년대 "주부의 장바구니"는 사람들에게 시장의 흐름을 알려주는 가장 미디어적인 용어였다. 대형 매장을 갖춘 마트들은 저가 전략으로 판촉을 펼쳐 갔다. 점차 싼 가격으로 잘 먹고 살 수 있으며, 가정에서 식품비 항목의 예산을 줄일 수 있다는 생각을 하게 되었다. 1960년에는 식품비 항목의 지출이 34%를 차지했다. 그러나 30년 후에는 18%로 감소했다. 그리고 드디어 2000년에는 15%가 되었다. 프랑스 소비자들은 가계의 총예산에서 단지 4%만을 농장 생산물에 할애한다. 조제 보베는 "저질 먹을거리"를 규탄했다. 이 표현은 "주부의 장바구니"가 지닌 의미를 퇴색시키며, 프랑스어권을 넘어 전 세계로 퍼져 나갔다. 이 용어는 1974년 시테 드 라 빌레트(파리 과학·산업 단지)의 책임자인 조엘 드 로스네가 만들어 냈다. 그리고 르라르자크의 한 농부의 입을 통해 전 세계에서 통용되는 의미를 가지게 되었다. 그는 1999년 미요 시에 건설 중이던 맥도날드 매장 해체라는 상징적인 시위에서 이 말을 차용했다.

나는 조엘 드 로스네의 책 『올바른 실천의 지침 *Guide de bonne pratique*』을 기억하고 있다. 나는 음식에 관한 그의 책에서 뜻밖의 면을 발견하고 놀랐다. 동료들과 농업의 변화에 대하여 토론하는 과정에서 그 단어를 찾아냈으며, 미요 사건에서 그것을 처음 사용했다.

저질 먹을거리라는 말은 내가 공부했던 책에서 찾아낸 것이지, 내가 처음 만들어 낸 표현은 아니다. 미요에서 처음으로 그 단어를 인용한 것은 농민과 소비자 모두가 희생자였다는 사실과 관련지어 농민과 도시인을 결속시키기 위한 시도에서였다. 맥도날드라는 상징에 대항하여 시위를 하던 날, 나는 농민과 소비자를 결속시키기 위하여, 그리고 힘을 합쳐 생산주의 시스템의 일탈을 규탄하기 위하여 이 단어를 효과적으로 사용할 수 있겠다고 생각했다. 중상 모략하는 몇몇 사람들의 해석과는 반대로 "농민이 저질 먹을거리에 책임을 져야 한다"라고 말했던 것은 농민을 모욕하고자 한 것이 아니었다. 저질 먹을거리는 농산물 가공업, 광고, 그리고 생산 방식과 소비 방식 모두를 표준화하려는 체인화된 음식점에서 비롯된 개념임을 보여 주기 위한 것이었다. 저질 먹을거리는 농부를 일터에서 몰아냈고, 동시에 도시인에게서 문화적 다양성을 갈취해 버렸음을 의미했다. 즉, 이것은 자연의 질서와 생산과 문화의 관계를 상기시켰다.

소비자의 취향 자체가 변해 농장이나 채소 재배지에서 생산된 농산물에 대한 욕구가 사라졌다.

획일화된 취향은 왜곡된 취향을 낳으며, 하나의 소비 행태는 다른 소비 행태로 이행하기 마련이다. 나는 마을을 지나다니던 우유 수레를 기억한다. 1960년대 초까지만 해도 브뤼셀에서는 아침마다 배달원이 수레에 우유병을 싣고 지나다니곤 했다. 어쨌든 그리 먼 옛날 일도 아니며, 도시 사람들은 농장에서 직접 배달된 우유를 소비했다. 그러나 농장에서 생산한 우유에는 초고온으로 살균된 표준 우유의 캐러멜 맛이 없었기 때문에, 일부 생산자들은 새로운 맛을 찾고자 노력했다. 이로써 맛을 변화시킨 최초의 생산품들이 나왔는데, 그것이 지닌 표준화된 맛은 사실 종이 팩의 살균된 맛이었다. 이것은 매우 의미심장한 일이다. 두 번째 예는 엉겨 붙은 덩어리가 없는 감자 퓨레가 시장에서 성공한 것이다. "좋은 감자 퓨레"의 맛은 "무슬린"[1] 퓨레의 맛이라고 여기게 되었다. 획일화된 대용 식품을 먹으며 자란 아이들은 표준화된 퓨레 맛에 길들여졌다. 감자 퓨레는 우툴두툴하고 굵직한 감자 조각과 버터를 넣어 만든 음식이 아니라, 감자가 눈에 보이지 않는, 부드러운 가루를 뜻하는 말이 되었다.

1950년대 말과 1960년대 초, 일주일에 한 번 잘 차려진 식탁에서 가족들이 함께 식사할 때 느낄 수 있던 기쁨이 사라지면서, 맛에 변화가 일어났다. 매우 짧은 기간에 일어났던 이러한 변화는 음식 문화의 전면적인 변화를 야기했다. 이것은 동시에 1960년대에 공장에서 일하기 위해 농촌을 떠났던

---

1. 감자를 쪄서 가루로 만든 인스턴트 감자 퓨레의 통칭.

세대에게 일어난 일이며, 도시와 농촌의 확실한 분리가 일어났던 때이기도 하다. 도시로 이주한 사람들은 대부분 맞벌이를 해야 했으므로, 새로운 생활 양식이 필요했고, 그들의 구매와 소비 양식도 변했다.

1970년대의 식품 산업은 건강에 관한 논의들을 이용하여 저지방 식품들을 쏟아내며 맛의 표준화에 앞장섰다. 따라서 이러한 산업은 "몸매 관리에 신경을 쓰고" 저칼로리 제품을 선호하는 여자들에게 바가지를 씌우게 된다. 사람들은 건강을 이유로 무취, 무색, 무미한 먹을거리를 옹호한다. 식품 산업 관계자들은 제품 판매를 위하여 식이요법에 관한 논의를 철저히 이용했다. 그런 사회적 현상은 기업의 제품 광고에서도 드러났다. 이러한 경향의 지표가 될 만한 두 가지 상품이 거의 동시에 시장에 나왔다. 하나는 세제이다. 몇 가지 세부 사항을 제외하고는 제법 정확한 상표를 달고 있는 표준화된 이런 제품에 이러저러한 기발한 아이디어가 덧붙여졌다. 다른 하나는 유산균 발효유의 판매이다. 이러한 종류의 제품은 앞에서 언급한 "지방 0% 제품"처럼 저지방을 강조하면서 판매대의 앞줄을 차지한다. 소비자들의 요구 역시 다양해졌기 때문에, 시장에서 도태되지 않으려는 기업은 끊임없이 변화를 모색하고 일 년에 한두 번 새로운 상품을 출시한다. 이러한 개발 논리는 건강에 유익한 상품이라고 점점 더 교묘히 포장된 상품 개발을 부추기고 있으며, 그것은 있어서는 안 되는 일탈이다.

농식품 산업은 마치 특권인 양 진짜 눈으로 확인할 수 있는 것은 감춘
다. 사실 주부가 식품의 지방 비율이 얼마인지 알아보는 것은 쉽다. 그
러나 영양소의 가치를 알고 맛을 평가하는 일은 어려울 것이다. 따라서
거기에는 속임수가 따르기 마련이다.

소위 저지방 제품 또는 가공 제품과 부위별로 구분된 닭
고기처럼 규격화된 제품에는 중요한 문제가 있는데, 제품을
맛으로 판별하지 않는다는 점이다. 제조자는 가능한 낮은 가
격을 제시하는 데 승부를 건다. 소비자들은 규격화된 닭고기
와 저지방 유산균 발효유를 사거나 아니면 하얀 햄을 산다.
이상하게도 기초 식품이 보편화될수록 가공 식품 개발 기술
은 발전한다. 다수의 소비자들은 기초 식품이 오염되는 것을
용인하고, 아무런 문제도 제기하지 않는 듯이 보였다. 1960년
대 초에 장 페라Jean Ferrat는 〈아름다운 산이여〉("저녁이 되
어 초라한 아파트로 돌아온 사람들은 호르몬으로 키운 닭고기
를 먹네…")에서 이미 이러한 체념을 노래했다. 처음에는 이
러한 사실을 인정하기 어려웠지만, 사람들은 "구역질 난다"
고 말하면서도 결국 호르몬으로 키운 닭을 먹는다. 그러면서
닭이 가지고 있던 맛 자체를 조금씩 잃어버린다. 사람들은
닭이 닭장에서 산다는 사실과 규격화되어 생산된 닭고기를
먹는다는 사실을 동시에 허용한다. 문화의 변화와 기본의 상
실은 그런 식으로 받아들여진다.

그런데 판매업자들이 사람들의 식습관을 이용하여, 그들의 입맛을 쉽

게 조종했다. 즉, 사람들은 언제나 같은 물건, 같은 상표를 사면서 안심
한다.

세계 곳곳을 살펴보면, 사람들은 거의 언제나 자신의 경
작지에서 가장 잘 재배된 채소나 곡물을 먹는다는 것을 알
수 있다. 지구 어디에서나 기초 식품은 변함이 없다. 프랑스
에서는 밀과 감자가 주식이다. 남아메리카는 강낭콩과 옥수
수이다. 마그렙 지역은 야채와 함께 굵은 밀을 주로 먹는다.
인도는 쌀과 렌즈콩이 주식이다. 각 나라의 주식은 저마다
독창적인 문화를 만들어 낸다.

원재료를 이용한 다양한 조리법은 문화적 다양성과 풍요
로움을 만들어 낸다. 사람들은 정육점, 햄이나 소시지 상점,
혹은 청과물 상점에 장을 보러 가서, 다양한 음식을 만드는
데 쓸 재료를 샀다. 언제나 같은 것을 샀지만, 그들이 고른 재
료에 따라 전혀 다른 음식을 만들어 냈다. 그런데 사람들이
어느 순간 느닷없이 진열장 위에 놓여 있는 규격화된 상품을
구매하기 시작했으며, 누가 만들어도 같은 맛이 나는 완제품
들을 샀다. 우리가 사는 규격화된 유산균 음료나 감자 퓨레
는 일종의 응고된 우유나 감자의 형태이며, 상자에 표시된
조리법에 따라 만들기만 하면 된다. 얼마나 끔찍한 일인가!
냉동 조리 식품의 출현과 함께 구매는 획일화되었고, 음식을
만드는 데 있어서 개인의 결정권은 사라졌다. 마침내 음식을
만드는 행위는 변화했고, 판매 방식에 따라 창조적인 부분은
완전히 배제되었다. 이 판매 방식은 산업과 밀접하게 연관되

어 있다. 왜냐하면 식품 제조·유통업자들이 연합하고 공모
해 시장을 키워 왔기 때문이다. 그러나 오늘날 상황은 달라
졌다. 판매 방식의 집중 — 프랑스에서는 5개의 유통업자만
이 살아남아 있다 — 으로 인해 오히려 그들이 가격 표준화
의 변화를 모색해야 했다. 현재 변화를 시도하며 이익을 창
출하기 위하여 그들은 "틈새 마케팅"[1]을 추진하고 있다. 도시
의 봉급생활자들이 일주일에 한 번씩 한꺼번에 구매하거나
대형 마트에서 토요일 오전에 장을 보는 것은 식사에 대한
개념을 완전히 변화시켰다. 도시에서도 수프를 끓이고 야채
와 고기 요리를 만들어 먹을 수 있음에도 불구하고, 사람들
은 매장에서 산 제품을 먹고 바로 냉장고에 넣어두었다가,
나머지를 나중에 조리해 먹곤 한다. 그들은 음식을 만드는
데 많은 시간을 할애하는 것을 낭비라고 생각하는데, 그 이
유는 요리 시간을 창조적인 시간이라고 생각하지 않는데다
함께 식사할 시간조차 내기 어렵기 때문이다. 최근의 통계를
보면, 식탁에서 보내는 시간이 해가 갈수록 크게 감소하고
있다는 사실을 알 수 있다. 미국인들은 식탁에서 평균 6분을
보낸다는 통계가 나와 있으며, 프랑스는 가족들과 20분 정도
를 식탁에서 보낸다고 한다. 만남과 사회화의 장소로서 식탁
의 의미가 사라지면서, 개인들은 철저히 자동화에 길들여진
다. 이런 생활에서 냉장고는 즉석 조리 식품을 보관하는 가장
중요한 살림살이가 된다. 그리고 사람들은 혼자서 먹거나, 걸

---

1. 소규모의 특정 소비자를 대상으로 한 차별화된 제품 판매 방식.

어가면서 먹거나, 텔레비전을 보며 대충 아무거나 먹곤 한다.

먹을거리에 대한 또 다른 해석 방식이 존재한다고 인식하는 것은 그 자체가 저항 행위이며, 자신의 정체성을 깨닫는 행위이다. 동시에 그것은 세대 간의, 그리고 가족 간의 문화적이고 교육적인 행위이다. 구매 행위를 통해서 우리는 어떤 사건에 영향을 미칠 수도 있다. 광우병 사태 때, 사람들이 자발적으로 쇠고기 불매 운동을 하고, 서로 단결하여 보이콧 같은 집단행동을 했던 것처럼 말이다. 사람들은 구매 행위나 소비 방식을 통해 힘을 가질 수 있다는 것을 알았다. 이런 새로운 폭발력이 원동력이 되어, 유기 농업을 단기간에 발전시켰으며, 실질적으로 소비자들은 유기 농산물과 식품을 구매했다. 따라서 농민들 역시 스스로 일을 할 수밖에 없었으며, 먹음직스럽고 건강을 생각한 식품을 생산하기 위해 최선을 다했다.

이러한 사실은 새로운 축산 방식을 이해하는 데 도움을 준다. 더 이상 "비프스테이크"를 사는 것이 아니라 정확하게 쇠고기, 즉 특정 부위의 신선한 살코기를 사는 것이다. 고기의 각 부위는 맛과 용도가 다르며, 따라서 사람들은 단순히 다진 고기나 스테이크용 고기가 아니라 정확히 어떤 부위인지 알고 필요에 맞게 사야 한다. 10여 년 동안 대형 마트를 찾은 손님들은 자신들이 쇠고기를 샀다고 믿지만, 사실 폐기된 쇠고기를 샀을 수도 있다. 쇠고기를 포함하여 식품의 영양과 미각을 잃어버린 것이다. 또한 사람들은 원재료를 산다고 생각하면서 사실 규격화된 상품을 사왔다. 다진 고기가 규격화된 식품의 극단적인 예이다. 다양한 식품을 규격화한 대표적인 모델인 햄버거는 속임수와 환상 위에 세워진 농식품 산업의 상징물이다. 또한 "이력 추적 시스템Traçabilité"[1]이라는 용어를 만들어서 농식품 산업 시스템을 옹호하고, 소비자를 안심시키면서 또 동시에 속인다. 그 기원은 확실하지 않지만, 모든 문제는 축산 방식에서 출발한다. 사람들은 누가 어떻게 생산했는지 전혀 개의치 않는다. 이력 추적 시스템이 사육 농가를 알려주는 고리라고 하더라도 "살아 있을 때도 아무런 문제없이 건강했던 양질의 쇠고기"임을 확인해 주지 않는다면, 그 자체로 충분한 정보라고 할 수 없다. 그러므로 이제 축산업자들은 다른 사육 방식을 생각해야 한다.

미국에 유제품을 수출하기 위해 암소 한 마리가 평균 두 마리의 송아지를 낳았다는 사실을 알고 조제 보베는 아연실색했다.

집약 생산 시스템에서 암소는 평균 두 번 새끼를 낳는다. 그리고 그 암소는 생산성이 떨어지기 전에 도축된다. 고기가 독립된 생산물이 아니라 유제품의 부가 생산물로 간주되는 것이다.

프랑스에서 암소는 평균 네다섯 번 분만을 하는데, 이것도 비교적 낮은 숫자다. 가축을 보호하려는 움직임은 반생산

---

1. 육류의 위생과 안전을 보장하는 데 필수적인 제도. 이것을 통하여 대형 마트, 수입업자, 최종 소비자 등 구매자라면 누구나 제품의 원산지(사육농가)와 유통 경로(도축업체, 가공업체 등)를 확인할 수 있다.

적인 것으로 간주되었다. 이러한 집약 생산 시스템은 과도하게 확장되었다. 로크포르[1] 생산 지역에서, 양젖을 생산하는 가축들의 연간 폐기율은 30% 이상이 되었다. 믿기 어려운 숫자다. 우유나 육류를 생산하는 데 있어서 오로지 생산성만이 중요시되었다. 어쨌든 광우병 사태는 우유 생산을 위한 집약적 생산 방식과 연관되어 있으며, 생산성을 높이기 위하여 우유를 만들어 내는 동물들에게 동물성 분말 사료를 사용했다는 데 그 원인이 있다. 사육업자들은 더 많은 우유를 생산하기 위하여 이미 완벽한 사료에 동물성 분말 사료를 첨가한 것이다. 또 다른 증거는 육류 생산이 집약적 우유 생산의 대표적인 부산물에 지나지 않는다는 것이다. 그로 인하여 우리는 파탄에 이르렀고, 동시에 농부라는 직업을 잃었다. 우유와 고기, 가축 사료를 동시에 생산하는 다품종 경작을 포기하면서, 수익성이라는 유일한 목적을 강요하는 철저한 전문화 과정으로 들어섰다. 우유를 생산하는 사람은 우유만 생산하고, 곡물을 경작하는 사람은 곡물만 경작하고, 돼지를 키우는 사람은 돼지만 키우는 식이다. 이러한 방식을 따르면, 어떤 농장도 자립화를 이루지 못한다. 결국 더 이상 농장이나 농가는 존재하지 않게 되고, 오직 육류와 유제품을 생산하는 작업장"만 남을 것이다.

---

1. 양젖으로 만든 치즈

7. 경제적 난센스와 생태학적 착오

생산주의 농업은 우리를 점점 더 위험한 생활 방식으로 밀어 넣었다. 생명체들과의 관계를 잊어버리고, 기본과 단절되고, 중요한 가치를 거부하는 순간, 우리는 선무당 노릇을 하게 되었다. 유럽에서 아프타열이 확산되었을 때, 사람들은 순식간에 파멸로 치달을 수 있다는 사실을 똑똑히 확인했다. 40여 년 전 우리 부모들은 유사한 가축 전염병을 잘 알고 있었다. 당시 가축 사육 농가는 6-8마리, 많아야 10마리 정도의 가축을 길렀으며, 그것을 사고파는 일도 면面 정도의 작은 마을 안에서 이루어졌다. 멀다고 해야 15-20킬로미터 정도의 거리였으며, 매주 열리는 지방 시장까지 걸어가서 소를 팔거나 이웃끼리 출산 전후의 암소를 교환했을 뿐만 아니라, 따로 가축 시장에 가기도 했다. 당시 농민들은 자신들의 힘으로 축산을 제어할 수 있었다. 공기에 의해 바이러스가 전염되는 아프타열은 사람들에게까지 전염되지도 않았고, 심각한 공포를 야기하지도 않은 채 곧 소멸되고는 했다. 축산 농가에 안전 지역을 설치하여 가축을 돌볼 것을 요구하는 정도였다. 농민들은 자신이 기르는 가축 한 마리의 경제적 가치를 잘 알았으며, 정성을 다해 돌보았다. 예를 들어, 기르던 가축이 다쳤을 경우, 농부는 밀기울을 적신 천 자루를 상처 난 부위에 두르거나 그곳에 밀기울을 발라 주었다. 그렇게 하면 4-5일 후에 상처는 씻은 듯이 사라졌다. 때로 심한 상처를 입은 가축을 잃는 경우도 있었지만, 시간이 지나면 자연스럽게 아픈 마음이 진정되곤 했다.

오늘날, 거대한 축사에 가축들을 집단 수용하고, 가축을 실은 차량은 먼 거리를 주파하곤 한다. 살아 있는 가축들이 매일 지구를 횡단할 정도로 끊임없이 이동한다는 사실은 여러 가지 형태의 심각한 위험을 야기한다. 첫 번째는 임대 가축의 확대를 촉진하는 발전 시스템 속에서 가축은 불안정하게 성장하며, 이 문제를 해결하기 위해 유전학이 적극적으로 활용된다는 점이다. 두 번째는 주저 없이 가축을 500, 1000, 또는 2000킬로미터나 이동시킨다는 것이고, 세 번째는 자유주의라는 미명 아래 모든 위생상의 감시를 소홀히 한다는 것이다. "무역이 우선이다." 전문적 지식을 갖춘 사람들에 의한 가축 보호, 직업적 책임감, 윤리 같은 가치는 수익성이나 비즈니스에 목을 매면서 산산 조각이 났다. 게다가 생산주의 시스템으로 치닫기를 바랐던 사람들이 정작 결과를 책임지는 일에는 발뺌했다. 건강에 관한 문제가 발생하고, 공포심이 극도로 확산되었을 때, 정치가들은 "아무런 조치도 하지 않았다는 이유로 나중에 비난 받고 싶지는 않습니다"라고 말하며 즉각적으로 반응했다. 그렇게 해서 나온 결과가 가축을 소각하고 도살하고 폐기하는 것이었다. 소각되고 폐기된 소들을 바라보면서 농민들은 어떤 이유로 사람들이 자신들을 비난하는지 알게 되었다. 그들은 식품과 안전한 먹을거리를 만들어 내는 생산자 — 원래의 직업 — 에서 그저 상품을 만들어 내는 제조자로 변해 있었으며, 그들이 본래 지녔던 위상은 깨졌다. 두려움에 속히 위기를 멈추고 싶었지만, 농민들이 이번에는 가축 시체의 일부를 에너지원으로 제공함으로써, 공업의 에너지 제공자로 변신했다.

그들은 또 다른 무엇이 되고자 하는가? 농민들은 트랙터 위나 소 옆에서 시간을 보내기보다는 보조금을 타내기 위하여 서류를 작성하는 데 열중하고 있지 않은가?

이러한 시스템이 발전을 지속해 온 40년 동안, 우리는 농민으로서 지녀야 할 기본을 전부 잃었다. 즉, 지속적으로 생명을 만들어 내는 생산 행위와, 매일 먹는 식량을 제공함으로써 농업의 가치를 존중하게 만드는 사회적 행위 사이의 관계를 잃었다. 상징적 가치와 시민으로서의 가치도 잃었다. 부모님들은 우리에게 생명을 존중해야 한다고 그 가치를 일깨워 주었는데도 말이다.

집약 농업 지지자들이 근거로 내세우는 것 중 하나는 소규모 농장이 가뭄, 폭풍, 홍수, 전염병 같은 자연의 위험에 보다 많이 노출되어 있고 공격받기 쉽다는 것이다.

오히려 그 반대이다. 자연 재해는 대형 농장에 더 치명적이다. 풍경을 해치면서까지 농장 규모를 확장하고, 단일 경작을 실행했던 농장이 여기에 해당된다. 단일 경작은 땅에 물이 고이는 문제, 부식토 비율의 문제를 야기했고, 자연적인 나무 울타리도 사라지게 했다. 척박한 흙은 시멘트처럼 단단해져, 빗물은 흙에 스며들지 못하고 그대로 흘러 내렸다. 농장을 확장하고, 나무숲을 훼손하고, 생울타리를 뽑아냈을 때, 사람들은 자연 재해의 위험에 그대로 몸을 드러낸 셈이다. 소규모 농장들은 이익에 치중하지 않아 화학에 덜 의존하고, 윤작을 실천함으로써 보다 든든해졌다. 그들 농장의 땅은 거의 언제나 새것 같았다. 그러나 단일 경작을 실행하고 나무 울타리를 뽑아버리자 농장은 지쳐 버렸다. 그 농장에 새로운 의미를 되찾아 주고자 한다면, 이제 생산에만 전념해서는 안 될 것이다. 그런 시스템에서 벗어나지 못한다면, 결국 황폐한 땅에서 생산량은 점점 떨어지고, 결국 농장은 스스로 멈춰 버리게 될 것이다. 이러한 대규모 농장들은 신속하게 변화를 모색해야 한다. 숲을 되살리고 나무 울타리를 다시 세워야 하며, 땅에 농사의 가치를 되찾아주는 농업을 새롭게 시작해야 할 것이다.

축산 지역에서, 사료용 목초, 곡류, 무, 사료용 양배추, 그리고 콩과 식물을 번갈아 가며 윤작하는 농장의 토양은 언제나 부식토가 충분하여 물이 잘 빠진다. 그런 토양은 공기 중의 질소를 많이 함유하며, 땅을 일구기 쉽고, 빠르게 이전의 상태를 회복하기도 한다. 땅은 굳어 있지 않으며, 끈적이거나 흙이 덩어리로 엉겨 있지 않다. 단일 경작을 하는 곳에서는 방벽을 쌓아도 자연 재해를 막을 수 없다. 규모의 확장, 대규모 농장, 방벽 역할을 하는 자연림의 훼손은 환경 차원을 넘어 국가에 막대한 경제적 손실을 안긴다. 그 이유는 규모를 확장하기 위해 국가로부터 가능한 많은 보조금을 타낸 농장들이 오히려 자연 재해에 쉽게 무너지기 때문이다. 옥수수나 곡물을 단일 경작하는 곳에서는 어김없이 물이 부족하고, 가뭄이 발생한다. 며칠 혹은 몇 주 동안 지속된 가뭄에 결국 대규모 농장들은 농사를 망치고, 생산을 포기한다. 반대로, 균형이 잘 잡힌 토지를 소유한 농장에서는 폭염이나 폭우도 잘 견뎌내며, 따라서 거기에서 자라는 작물들도 수난을 당하지 않는다. 사람들은 지구 온난화나 해수면 상승 등을 거론하며 문제 제기를 하지만, 아직 일부 사람들이 예견하는 그런 재난에 이른 것은 아니다. 그러나 생나무 울타리를 잘라내고 경사지와 나무를 깎아냄으로써, 실제로 2000년 겨울에 몇 분 또는 몇 시간 동안의 폭우에 마을이 쓸려 내려가고, 집이 완전히 침수되는 일이 일어났다. 이 모든 일을 지나간 과거로 간주해서는 안 된다.

수확이 좋지 않을 경우, 소규모 농장은 "어려움을 해결하고" 극복하는데 있어 대규모 농장보다 경제적으로 더 위태롭지 않은가?

가뭄이 오래 지속된다면, 어떤 농장도 견디기 어려울 것이다. 그렇기 때문에 자연 재해를 위한 보조 기금 같은 기본적인 시스템을 확립해야 한다. 그것은 공공 기관의 책임이며, 동시에 농민들의 책임이다. 이러한 재난을 피하기 위하여 중요한 것은, 토양의 본질에 맞는 경작 방식을 찾으려는 노력을 아끼지 않는 일이며, 국지적 기후 환경과 농부의 역량에 적합한 경작 시스템을 확립하는 일이다. 보조금을 타내려고 많은 농장에서 곡물과 옥수수를 경작하고 있으며, 이를 위해 관개 시설을 확장하고 있는 것은 주지의 사실이다. 그러나 지나친 관개 시설을 갖춘 토양은 조금씩 메말라 간다. 보조금은 지원에 지나지 않는다. 자연 재해 보상금을 이용할 수 있다 하더라도, 기대하는 생산량을 채우지 못하면 가능한 일은 아니다.

3-4년 전에 사람들은 농업부 장관에게 "경제 위기에 대처하기 위한 협동 기금 조성"에 대해 논의할 것을 제안했다. 당시, 이것은 한편으로 농민에게 지속적으로 생산을 늘리고 가격을 낮추기를 요구하는 것이었으며, 다른 한편으로 조합에게는 농민이 조합에 지출한 비용을 보상받을 수 있도록 그들의 수익을 보장할 것을 요구하는 것이었다. 당치도 않다. 농민의 책임을 완전히 면제해 주는 이러한 논의는 어려움 없이 지원금을 얻어내는 농민들에게 어떤 동기 부여도 하지 않을 것이며, 또 조합에 잘못된 정치적 선택을 강요하는 일이기도 하다. 우리는 이런 것에 반대했다. 일종의 경제적 일탈이라 할 수 있는 미국의 재난 구호 기금 같은 것도 정말 골칫거리였다. 우리도 재난의 희생자들에게 도움을 주는 지원금 자체에 반대하지는 않지만, 수혜 기준이 제대로 정해져야 한

다는 것이다. 우리는 결국 어떤 농업, 어떤 장소, 어떤 방법이
든 상관없이 농민 농업으로 발전해 나가야 한다는 것을 말하
고 있다. 불행하게도 공동농업정책은 우리에게 세계 시장을
겨냥해 단일 경작을 강요하고, 프랑스와 유럽은 가축 사육에
필요한 질소 함유 식물 단백질의 70%를 수입에 의존한다. 우
리는 초지를 비옥하게 하기 위해 콩과 식물을 다시 심을 수
있으며, 개자리 속[1]과 클로버를 들여올 수도 있을 것이다. 물
을 덜 소비하고 가뭄에 잘 견디는 식물을 재배함으로써 사람
들은 빠르게 자립심을 되찾을 것이다.

**단백질이 풍부한 식물을 재배하는 것이 축산업자나 이웃들에게 좋은
해결책이 될 수 있을까?**

1960년대 초, 미국과 유럽 간의 거래는 로마 조약[2]으로부
터 비롯되었다. 즉, "유럽은 곡물 생산과 축산에 적합하며, 미
국은 이것의 바탕이 되는 질소 단백질이 풍부한 작물을 대량
생산할 수 있으므로, 무역을 하자"는 것이다. 이 얼마나 난센
스인가! 당시에는 그런 발전 시스템에 드는 전 지구적 에너지
비용(미국에게든 프랑스에게든)은 문제 삼지 않았다. 오늘날

---

1. 알팔파라고도 하는 장미목 콩과의 여러해살이풀로, 재배된 사료 작물 중 가
   장 오래된 풀이다. 주로 건초로 쓰이고, 단백질 · 미네랄 · 비타민류가 풍부하
   여 사료로 많이 쓰인다.
2. 유럽경제공동체(EEC) 설립을 위한 기본 조약. 1957년 프랑스, 서독, 이탈리
   아, 네덜란드, 벨기에, 룩셈부르크 6개국에 의해 체결되어 1958년 1월에 발효
   되었다.

우리는 새로운 시기를 맞이했는데, 동물성 분말 사료 사용 금지를 위한 싸움이 있은 후에 블레어하우스 협정[1]을 재검토하기 시작했다. 1992년의 그 협정에서는 유럽이 재정 지원을 받는 단백질 식물 재배 면적을 5백만 헥타르로 제한한다는 원칙하에 1958년의 조약을 재확인했다. 따라서 농민들은 콩을 직접 생산하는 데 관심을 쏟는 것이 아니라, 제3세계 국가에서 그것을 사들이는 데 몰두했다. 우리가 확립하려 했던 단백질 플랜은 여러 가지 조치가 필요하다. 우선 유럽의 현행 휴경지(약 200-300만 헥타르에 해당하는)를 풀어 주어야 한다. 세계 시장에서 과잉 생산되고 있고, 수익성이 좋지 않아 조합에 어려움을 안겨주는 광대한 밀 재배지(450만에서 500만 헥타르에 해당한다)도 풀어 주어야 한다. 유럽에 적합한 식물성 단백질을 생산할 수 있는 이 지역에서 콩, 해바라기, 아마, 완두콩, 사료용 콩 등을 재배해야 한다.

축산 지역 근처의 농장에서 프랑수아 뒤푸르는 귀리, 밀, 라이밀,[2] 완두콩을 함께 재배하는 데 성공했다.

이 혼합 경작지에서 사료용 콩을 함께 재배하면서, 우리는 질소를 함유한 물질과 단백질의 완전한 균형을 이루지는 못했지만, 그래도 콩깻묵 같은 수입 사료를 덜 사들이면서

---

1. 미국과 EC가 1992년 11월 백악관 블레어하우스에 모여 우루과이 라운드 농산물 협정 초안 중 보조금 감축 등의 수정안에 합의한 것.
2. 밀과 호밀의 잡종

보다 더 자립적으로 식물 배합 사료를 만들어 냈다. 전체 농
장들이 이러한 방식으로 우유를 생산하고 돼지와 가금류들
을 사육한다면, 수입 사료의 상당량을 줄일 수 있을 것이다.
그리고 수입 콩을 싣고 미국에서 대서양을 건너오는 배와,
과잉 생산된 곡류를 수출하기 위해 미국으로 가는 배에 들어
가는 에너지 비용(석유 생산 국가에 지불하는)을 줄임으로써,
유럽과 프랑스 예산의 상당 부분을 절약할 수 있을 것이다.
중동에서 오는 배의 연료나 저가의 집약 생산 가금류 운반에
이용되는 트럭 연료는 차치하고라도 말이다. 아무도 그 에너
지 비용을 산출하려고 하지 않는다. 프랑스가 완벽한 고속도
로, 완벽한 트럭 운반 시설을 선택했던 것처럼, 산업은 농업
주변을 맴돌면서, 농업을 젖소 키우기 정도로 내몰고 있다.
수익자들은 당연히 그러한 시스템을 바꾸려 하지 않으므로,
그것이 얼마나 엄청난 손실을 가져오는지 꼼꼼히 따져야 할
것이다.

　유럽의 농민들은 농작물 가격이 높아질수록 자신들에게
돌아오는 수익은 감소하는, 참을 수 없는 모순에 직면해 있
다. 이것이 천혜의 땅에 대한 연대감, 그리고 양질의 먹을거
리 생산, 풍경의 보존, 지방 관광 상품 개발에 관심을 가졌기
때문에 치러야 하는 대가라면, 납세자들은 이렇게 말할지도
모른다. "그래도 어쨌든 우리가 낸 세금이 도움이 되겠지요."
그러나 되풀이하지만 공동농업정책은 밑 빠진 독이며, 경제
적인 난센스이다.

8. 농업의 "타이타닉호"

공동농업정책은 멈출 수 없는 미치광이 기계이며, 결국 스스로 자신을 해치고 마는 신화 속의 동물 캐토블레파스[1]인가?

아니면 국제 시장의 원리에 반하는 모든 것을 죽음으로 이끌도록 프로그램화된 살해 도구인가?

과거로 되돌아갈 수 없다는 이유로 끝내 농부를 소멸시키고 말 정책에 복종해야 하는가?

공동농업정책에 "생산을 위한 생산"과 별개의 궁극적인 목표가 있다면, 25만 농부의 나라 프랑스 위로 새로운 태양이 떠오를 것이다. 그러나 결코 그렇지 않다.

공동농업정책이 변하지 않는다면 그 시나리오의 결말은 어떻게 될까?

　조방粗放 농업이나 다품종 생산을 선택하지 않은, 농업의

---

1. 목이 길고 약해서 뿔난 머리가 땅에 끌리는 상상의 동물. 물소, 하마, 흑멧돼지가 합쳐진 모습이다.

"타이타닉" 호라 할 수 있는 영국의 시나리오로 이야기를 시작해 보자.

지난 1980년대 초, 대처 수상 집권하의 영국은, 생산 비용을 낮추고, 축산에 드는 고비용의 공공 서비스, 수의학 서비스, 검사 등을 대폭 줄이면서, 있는 힘을 다해 유럽의 농업 방식에 동참했다. 그들은 일부 지역에 대량 도축 시설을 집중시키기 위하여 동네의 도축장을 폐쇄시켰으며, 뉴질랜드와 호주산 양 수입의 중심지가 되고자 했다. 이러한 정책을 펴면서, 그들은 스스로 유럽의 주인임을 자처했다. 미국처럼 대규모 무역을 통해 다른 나라들을 소외시키고, 마침내 그들의 경제를 피폐화시키게 되었다. 불행하게도 잇달아 위기가 닥쳐오면서 영국의 시스템은 그들에게 생명을 비이성적으로 다룬 대가를 치르게 했다.

지금도 그 사태는 해결되지 않았다. 인구의 1% 정도였던 영국의 농민 숫자는 0.2% 또는 0.3%로 급격히 감소했다. 이것은 농민이 수만 명도 되지 않는다는 것을 의미한다. 농민의 감소는 농업을 더욱더 집약적으로 만들어, 암퇘지는 1,000-2,000마리, 양은 5,000마리, 소는 700-800마리씩 집중 사육하게 되었다. 따라서 보건 체계는 이전의 위기보다 더 심각해지고, 사람들은 "타이타닉" 호를 기다리는 신세가 될 것이다.

영국에서 농업을 구할 유일한 방법은 인간적인 농장의 모습을 회복하고, 공공 사업을 재확립하며, 농업의 정체성을 찾고, 위생 관리를 철저히 하는 것이다. 또한 정부가 권한을 갖고 자신의 역할을 수행하여, 국토와 노동력을 관리하는 방법으로서 농업을 자리매김해야 한다. 그러나 보수당원들이 나 노동당원들의 생각은 변함이 없었고, 그들은 생산주의 시스템을 끝까지 밀고 나가 실패의 길로 치달았다.

프랑스도 영국보다는 다소 시간이 걸렸지만, 자국의 소규모 농업을 돌보지 않았기 때문에, 결국 같은 과정을 겪었다. 프랑스의 농업 구조는 조금씩 바뀌었으며, 소농들도 사라졌다. 프랑스 정부는 대평원과 대단위 곡물 지역에 많은 지원금을 쏟아 부으며 지속적으로 생산주의 농업을 지원했기 때문에 예산 적자를 더욱 악화시켰다. 프랑스도 영국의 모델을 따를 것인가? 그렇게 해서 10년 후에 같은 상황에 이를 것인가?

조제 보베와 프랑수아 뒤푸르는 영국의 농업 운동 현장에 커다란 충격을 주었다.

다양성을 풍부하게 간직하고 있는 프랑스의 농촌에서 지내던 나는 2001년 6월에 조제 보베와 함께 영국으로 건너갔다. 영국 농업의 97%는 광우병, 아프타열, 집약적인 곡물 재배 등의 문제에 휩싸여 있었다. 거기에는 3%의 생물학적 틈새가 있었으나, 둘 사이에는 그 어떤 관계도 없었다. 반면에 프랑스에서 우리는 다양한 농업, 산지, 평원, 습지, 건조하고 일조량이 많은 지역, 국지 기후 등을 마음대로 이용했다. 영국은 모든 것을 재정비해야 했다. 우리가 회의에 참석한 동안, 농민들은 우리에게 이렇게 말했다. "문제가 산적해 있지만 우리는 대중의 지지를 받지 못하고 있습니다. 소비자들은 광우병과 아프타열 때문에 절대로 육류를 먹지 않겠다고 합니다. 게다가 곡물의 질까지 나빠져 사람들은 식습관을 완전히 바꾸었고, 맛을 잃었습니다. 계속되는 먹을거리에 대한 공포로 소비자들의 경계심은 커져만 갑니다." 영국은 생산물과 토지와 신선함과 맛에서 프랑스처럼 다양하지 못하다.

"영국 정부는 되풀이되는 농업의 위기 때문에 국민들이 궁지에 빠질지도 모른다고 결론을 내렸다. 반면에 농촌 관광업은 상대적으로 괜찮은 이익을 가져왔다. 이런 상황에서도 여전히 농업을 지원할 필요가 있는가?" 정부는 세계 시장에서 이와 같은 식량 산업의 전망을 제시하지만, 거기에 농민의 요구는 반영되어 있지 않다.

토니 블레어 영국 총리의 경제 정책은 실업 문제를 단념하고 더 이상 고용 문제에 우선권을 두지 않는다. 다른 많은 나라도 마찬가지이다. 프랑스에서도 사람들은 고용 면에서 농업이 지니는 중요성을 옹호하지만, 정치인들은 그것을 고려하지 않는 듯하다.

돈벌이를 추종하는 자들은 동물 보호를 비롯한 자연 보호와 풍경의 보존이 관광업과 밀접한 관련이 있음을 잊고 있다. 프랑스처럼 깨끗한 산과 해변, 관광지, 피서지, 겨울 스포츠를 즐길 수 있는 휴양지 등 다양한 모습을 지닌 나라는 농업 없이 유지될 수 없다. 그러나 오늘날 어쨌든 환경을 보존하는 데 필요한 노동력을 찾을 수 없다. 잔디 깎는 기계를 가지고 산을 오르내리는 일은 국가의 입장에서 비용이 많이 드는 일이며, 유일한 해결책이 아닐 수도 있다. 따라서 지역 농업의 세 가지 본분을 명심해야 한다. 농업은 생산하고, 고용하고, 보존해야 한다.

"농장에서 생산한 것으로 부족한 식량을 국제 시장에서 수입하여 젊은이와 퇴직자의 고용을 보장하고, 수질과 토양과 풍경을 보존할 것"이라는 시나리오는 끔찍한 "경제적 공포"를 낳는다. 우리는 이미 프랑스의 취약 지역들에서 위험에 빠진 토지를 포기하는 것이 그리고 그것이 가시덤불 숲과 잡목림으로 황무지화 되는 것이 어떤 대가를 치르게 하는지 보았다. 사람들은 여전히 작게 분할된 주변의 토지를 경작하고는 있지만, 더 이상 수익성이 없다고 생각한다. 그래도 방치하면 결국 영국에서처럼 농지 전체가 완전히 파괴될 것이다. 실업자 전부를 책임져야 하는 사회적 비용 이외에도 조상으로부터 물려받은 유산의 상실, 풍경의 파괴, 성장을 기대했던 농촌 관광 사업의 후퇴라는 결과만이 남을 것이다. 환경오염, 전염병, 위생 문제와 관련된 비용은 차치하고라도 말이다.

산업형 농업의 생산 집약화가 강력하게 추진될수록, 더 많은 괴물들이 우리를 향해 달려들 것이다. 요컨대 농업의 "타이타닉" 호가 되는 것이다.

이런 재난 시나리오는 유럽, 프랑스 같은 부유한 나라에만 적용되는 것이 아니라, 제3세계 국가들에게도 해당된다. 대량 수출은 지역 농업을 파괴할 것이며, 세계적인 기아 문제나 영양 결핍으로 인한 질병을 절대 해결하지 못할 것이다. 식량 재배 농업이 불안정해짐에 따라, 사람들은 결국 농사를 포기하고, 앞다투어 도시나 도시 주변 빈민촌으로 떠날 것이다. 산업 국가나 생산주의의 목표는 새로운 시장을 창출 하는 일이다. 대도시나 수도권에 새로운 시장을 만드는 일은, 천혜의 땅으로부터 주민을 빼앗고 그들을 다시 모아 잇달아 쏟아져 나오는 상품의 소비자로 만드는 일이다.

이러한 대규모 이동 덕분에 농식품 산업은 해마다 3%씩 성장한다. 도시로 향하는, 즉 패스트푸드를 선택하는 농촌 인 구의 이동을 붉게 표시하는 전자 카드를 고안한다면 현 상황 을 한 눈에 알아볼 수 있을 것이다. 세계 곳곳의 적색 표시 지 역은 인구 과잉, 불안, 문화 동화, 정기적 분쟁 지역일 것이다. 오늘 버려진 토지는 내일이 찾아와도 생산성 있는 땅으로 변 하지 않을 것이다. 브라질의 "땅 없는 농업 노동자들les Sans Terre"[1]은 토지를 돌려받기 위해 싸웠지만, 부유한 지주들은 경작하지 않는 땅일지라도 그들에게 내주고 싶어 하지 않았 다. 그 토지는 매우 비옥하여, 지주들은 농식품 산업의 지원 을 받아 수출용 농작물을 경작하고자 했다.

이 범죄 소설의 줄거리를 따라가 보면, "타이타닉" 호는 마지막에 농식품 기업에 의해 야기된 치열한 식량 전쟁의 세 계에 도달할 것이다. 그곳에서 전 세계인들은 모두 한 가지 종류의 식사만을 하고 있을 것이다. 규격화나 획일화는 사고 의 종말이자, 행동의 종말이며, 모든 것의 끝이다. 가공할 능 력을 가진 농식품 산업 덕분에, 사람들은 냉동 창고에서 같

---

1. MST라고도 하는 땅 없는 농업 노동자들의 운동은, 1979년 일자리를 잃은 농 민들이 브라질 남부 나탈리냐의 아노니 농장을 점거함으로써 시작되었다.

은 종류, 같은 양의 식품을 사서 먹기만 하면 될 것이다. 단체 급식에 식품을 공급하는 소덱소Sodexo 같은 거대 다국적 패스트푸드 업체로부터 식량을 공급받을 것이다. 오늘의 메뉴에 따라 80만, 100만, 150만의 사람들이 대량 생산 방식으로 일괄 생산된 쇠고기, 당근, 완두콩 등을 먹을 것이다. 그리고 부자들까지도 더 이상 먹는 데 많은 돈을 쏟아 붓지 않을 것이며, 그들도 전 세계인들과 같은 음식을 먹을 것이다.

공동농업정책은 2006년 이전에는 새로운 방향을 설정하지 않을 것이다. 강력한 로비를 통해 공동농업정책의 방향을 전환하려는 움직임은 저지될 것이다. 그러나 이러한 정책을 2006년까지 유지했을 때 야기될 결과를 생각해야 할 것이다.

공동농업정책은 완전 규격화라는 시스템을 토대로 발전한다. 공동농업정책의 공적 지원금은 낮은 가격으로 원료를 생산하는 데 집중 지원되어, 결과적으로 노동력을 필요로 하고 양질의 생산을 추구하는 농업을 기대하는 사회적 요구에 역행한다. 본질적인 선택이 뒤바뀐 것이다. 이대로 10-20년 동안 아무것도 바뀌지 않는다면, 농업은 완전히 농화학의 손아귀에 넘어갈 것이며, 농부는 종말을 맞이할 것이다. 다양한 맛을 전하는 일은 사라지고, 모두가 획일화된 맛에 길들여질 것이다. 더불어 원천 징수되는 세금은 점점 더 늘어날 것이다. 우리는 이 모든 사실을 똑똑히 알고 있어야 하며, 먹을거리가 사회의 기본이라는 인식 하에 농화학이 더 이상 토지를 점령하지 못하도록 여러 나라가 다시 손을 잡아야 한다. 농식품 산업의 최대 목표는 바로 식량의 무기화이다. 한 국가는 매년 평균적으로 일정량의 식량을 소비하기 때문에 기후나 정책에서 어떤 변수가 있더라도 필요한 만큼의 생산량을 이루어내야 한다. 따라서 식량이라는 무기가 농식품 산업에 맡겨질 것인지, 그렇지 않으면 노동, 토지, 생산이라는 3막극이 마침내 빛을 볼 것인지가 앞으로의 관건이다.

우리가 새로운 농업 정책을 도입하지 않는다면, 농업은 세계를 지배하고 있는 다섯 개 다국적 농화학 기업의 손아귀에 떨어질 것이다. 수십 년 후에 전 지구가 완전히 오염된다면, 어떻게 농민들이 자신의 직업으로 돌아갈 수 있을까? 미래를 위한 농업을 위해 다시 첫걸음을 내딛어야 할 때이다. 바로 이러한 이유 때문에 지금 당장 공동농업정책의 정책 방향을 바꿔야 하고, WTO가 농업의 순수한 목적을 지배하지 않도록 해야 한다. 공동농업정책은 자국의 식량 공급에 필요한 생산물의 거래를 뒷받침함으로써, 각국의 자급자족 능력을 존중하는 방향으로 나가야 할 것이다. 그리고 각국은 스스로 식량의 자급자족, 농업을 선택할 국민의 권리, 식품의 안정성과 위생을 회복해야 하며, 관행에 단호히 맞설 수 있어야 한다.

다섯 개 다국적 기업의 이익을 위한 정책을 유지하려는 이러한 대재앙의 시나리오에서, 농민은 기업의 고용인으로 전락할 것이다. 또 어떤 이들은 지방 공원의 안내원 옷으로 갈아입거나 훌륭한 공원 조경사 표

창을 받을 것이다.

이것은 이중 구조의 농업을 제도화하는 최악의 타협이 될 것이다. 우리는 보상 정책을 실행함으로써 처음부터 땅과 생산물의 질을 생각하는 농업으로의 방향을 설정할 수 있다. 유럽연합의 현행 예산을 이용하면 빠르게 방향 전환을 모색할 수 있다. 만일 대규모 농업이나 고부가가치를 생산하는 농업을 지원하거나 보조하는 데만 자금을 투입한다면, 오늘날 묵묵히 일하면서 직업을 대물림하는 농민들은 결국 폭발하고 말 것이다. 따라서 예산을 공평하게 집행해서 현재의 사태를 변화시켜야 한다. 그렇게 하지 않는다면, 이중 구조의 농업은 고착될 것이다. 즉, 농민들이 공적 보조금이나 지원금으로 소득을 늘리려 하기 때문에, 부농에게는 좋은 지위를 보장하고 빈농에게는 산업형 농업의 폐해를 떠넘기게 될 것이다. 정말 심각한 일이 아닐 수 없으므로 서둘러 막아야 한다. 프랑스에는 여전히 60만 개의 농장이 남아 있는데, 그중의 반은 전문 지식을 가지고 있는 사람들에 의하여 관리된다. 그리고 그들은 지역 특산종, 종자의 혈통, 국지 기후에 적합한 땅, 역사와 관련된 풍경의 관리인이자 보증인이라는 자격을 지니고 있다.

우리의 이웃인 네덜란드나 벨기에에서도 프랑스와 같은 비율로 전통 소농들이 문을 닫고 있지 않은가?

현행 시장 구조에서, 소농들은 유럽연합 소속 국가 곳곳에서 비슷한 속도로 사라지고 있으며, 남유럽 국가에서는 그 속도가 더 빠르다. 이유는 무엇일까? 최초의 유럽연합 6개국은 1958년부터 2001년까지 43년 동안 공동체 생활을 유지했다. 현대화와 농업 발전을 매우 강력하게 추진했던 이 국가들은 앞서 나갔다. 그동안 우리는 점차 조직화되는 — 또는 파괴되어 가는 — 시장 속에서 남유럽 국가의 소농들과 연합했지만, 소용돌이 속에서 그리스, 포르투갈, 스페인, 이탈리아의 많은 소농들이 무너졌다. 높은 부가가치를 붙여 지역 특산물의 발전을 주도했던 이 지역의 농장들은 버틸 수 있었다. 그렇지만 곡물, 유제품, 육류와 채소 시장의 동요에 흔들렸던 농장들은 오히려 재난 상황에 휩쓸렸으며, 무수히 많은 농장들이 사라졌다. 유럽연합에서 농민의 비율은 나라에 따라 1%에서 12% 정도이다. 영국은 1% 미만이고 그리스와 포르투갈은 12% 정도이며, 프랑스는 5% 정도, 또는 그 이하로 빠르게 줄어들고 있다. 심각한 일이다. 매우 심각한 사회 문제를 안고 있는 이 나라들은 관광 산업의 발전에 기대를 걸고 있으나, 농업이 지속적으로 고용을 창출할 때 비로소 관광 산업도 성장한다는 점을 명심해야 한다. 농업이 무너지도록 내버려둔다면, 관광 산업 역시 무너질 것이다.

공동농업정책은 도처에서 같은 결과를 낳았고, 전 유럽이 이러한 생지옥 상태에 놓여 있다.

9. 어떻게 위기에서 벗어날 것인가?
진단과 응급 처치

자동차는 달리기 시작했으며, 부작용을 없애야 하지만, 이미 되돌아갈 수 없는 곳까지 와버렸다고 말하는 사람들에게 어떻게 대답할 것인가? 반대로 지금이 공동농업정책을 개혁할 적기라고 말하는 사람들을 어떻게 설득할 것인가? 일정표를 앞당겨야 한다. 단순히 부작용을 완화하기 위해서가 아니라, 땅과의 약속을 목숨처럼 여겼던 농부의 추억과 경험의 연구실과 전문 지식의 창고를 되찾고, 공동농업정책을 변화시키기 위해서이다.

산업형 농업이 돌이킬 수 없는 지점에 이르렀음이 드러나자, 공동농업정책의 안내자들은 더 이상 여행자들의 요구를 제어할 수 없으며, 자동차는 벽에 부딪혀 산산조각이 날 것이라는 사실을 인정했다.

농민들의 소외는 3단계로 이루어졌다. 우선 농업 경영인은 농업 조합의 지시에 따라 토지의 상태나 내용 그리고 기후 조건에 맞추어 씨앗을 준비하지 않았다. 그들은 화학제품을 사용할 대강의 날짜와 다양한 종류의 약품이 적힌 카드를 손에 쥐었다. 이제 농업 경영인들은 경험을 통해 대대로 전해진 농사에 관한 기초 지식들을 저버렸다. 마침내 미국을 비롯한 세계 여러 나라에서처럼 컴퓨터가 농민의 뒤를 잇는 상황에 이를 것이다. 농민은 이런 시스템에 적응하고 시장의 요구대로 생산하기 위하여, 정보 프로그램이나 외부 상담자에게 질문을 해야 한다.

되풀이되는 위기에서 어떻게 벗어날 것인가?

일련의 대책을 강구하고 실천 원칙을 바꾸고 시급하게 개혁을 이루어야 한다.

우선 땅을 다시 살려야 한다. 이것은 토양의 상태와 자원의 면밀한 조사를 전제로 한다. 이러한 종합 평가는 피해와 오염을 막고, 지친 땅을 회복시키고, 홍수와 침해를 극복할 수 있는 방법을 분명하게 보여 줄 뿐만 아니라 프랑스 땅에 충분한 자원이 존재한다는 것을 보여 주는 것이다. 우리는 돌이킬 수 없는 운명에 직면한 것이 아니라, 얼마든지 되돌릴 수 있는 과정에 있다. 다른 곳으로 방향을 전환하고자 한다면, 사회 전체의 요구에 따르는 생산 기반을 새롭게 규정할 필요가 있다. 첫 번째 문제는 소비자들이 양과 질에서 어떤 농산물을 원하는가 하는 것이다. 두 번째 문제는 사회가 저가의 농산물만으로 지탱해 나갈 수 없다는 점이다. 자연의 본성을 회복시키지 못한다면, 사회는 더 이상 지탱해 나갈 수 없을 것이다. 사람들은 풍경을 훼손했고, 잘못된 공공 정책으로 토양은 침식되고 황폐해졌다. 과학자들에게도 자문을 구해야 한다. 지금 이대로의 토양과 하층토와 지하수층에서 사람들의 건강을 책임질 가축과 채소를 생산할 수 있을까? 절대 그렇지 않다. 그렇다면 사회적 요구에 부합하기 위하여 어떤 근거와 기본 원칙을 가지고 토양과 하층토와 지하수층을 관리해야 할까? 우리는 또한 다음과 같은 문제를 해결하기 위해 전 지구적 농업 계획을 새로 규정할 필요가 있다. 즉, 우리 농민이 사회의 나머지 구성원들과 맺고 있는 관계는 유용한 것인가? 농촌의 공동화가 사회에 미치는 영향은 어떤 것인가? 반대로 농촌에 다시 사람들이 모이게 하려면 그 방법은 무엇일까? 단순히 교외에 공동 주택 단지를 만드는 것은, 풍경과 땅을 잘 보존할 수 없기 때문에 적절한 해결책이 아니다. 최선의 해결책은 농촌 지역에 농민들이 그대로 살도록 하는 것이며, 그것을 위해 농업을 다시 살릴 방법을 마련하고 농민이라는 직업의 가치를 되돌려주어야 한다.

브뤼셀에서 다음과 같은 항목에 합의하려면, 어떤 방법과 얼마의 시간이 필요할까? 즉, 보다 많은 사람들을 농촌에 정착시키고 집약화가 아닌 더 많은 농장 설립이라는 목표를 이루기 위해 소규모 농장들에게 혜택을 주고, 돼지 생산을 제한하고, 지하수층의 오염을 막고, 나무 울타리를 다시 세우고, 식물성 단백질을 얻기 위해 황무지를 다시 개간하는 데 말이다. 현 상황을 면밀히 점검한다면, 언제쯤 그 결과를 볼 수 있을까?

현재 유럽에서 세계 시장으로 나가는 농산물 생산량은 대략 5%이다. 이 5%는 공동체와는 아무런 관계가 없지만, 내수 시장과 EU 시장에 나오는 농업 생산물의 95%에 영향을 미친다. 이 5%가 생산물의 가격을 낮추고, 농민을 토지와 생산으로부터 억지로 떼어 놓으며, 그들로 하여금 앞서 말한 농민 소외의 단계를 밟게 한다. 이미 40-50년 전부터 목격했던 바로 이 순환을 깨뜨려야 한다. 국민의 식량 자급자족이 유럽에서 농업을 버티게 한 원동력이었음을 이해한다면, 우리는 유럽 차원의 정책을 변화시킬 수 있다. 그리고 생산의 일정 부분만 세계 시장을 염두에 두고 있다고 할지라도, 보조금을 지원받아서는 안 된다. 달리 말하면, 공적 자금이 더 이상 공동체나 농민을 배반하는 도구로 쓰여서는 안 된다. 수출 농산물 생산을 지원하지 않는 순간부터 예산 문제를 넘어서 사회 전반의 문제를 근본적으로 해결하게 될 것이며, 끔찍한 경쟁을 멈추는 순간, 새로운 방향 설정이 가능하다. 우리가 공적 지원금을 배제하고 더 이상 세계 시장에 자금을 대지 않는다면, 이 자금을 어디에 써야 할까? 우리는 생산지나 생산물이 절대로 획일화되어서는 안 된다는 사실을 염두에 두어야 하며, 토양의 특성과 관련된 문제나 특별한 기후 조건 때문에 잠재력은 있지만 개발이 쉽지 않은 지역들이 있다는 사실을 기억해야 한다. 공적 보조금은 보다 어려운 지역에 지원해, 그들이 자연, 기후, 노동, 농업 기술에서의 핸디

캡을 극복하도록 해야 한다.

이렇게 된다면, 농부라는 직업은 제자리를 찾을 것이고, 다시 매우 고귀한 임무를 수행할 수 있을 것이다.

국가 간에 상품을 유통할 때, 방역선과는 또 다른 안전망을 다시 설치해야 하는가?

그렇다. 하지만 국경을 폐쇄하기 위해서가 아니라, 많은 부문에서 관세 회복 등의 목적을 이루기 위해서이다.

개선된 지원금 제도로 당장 배터리식 축산을 중단시키고 현명한 타협을 유도할 수 있을까? 배터리식 축산을 완전히 없애거나 개선해야 하는가?

위험 요소를 없애기 위해 가축 임대 계약을 강화해서는 안 된다. 그렇지만 생산성 향상 없는 농업으로 돌아가는 것 역시 무책임한 일이며, 절대 바람직하지 않다. 반대로 우리는 급격히 취약해진 축산 방식을 조금씩 개선할 수 있는데, 예를 들어 가금류를 자연적인 환경에서 사육하는 것이다. 그렇다고 닭장 하나에 반드시 네 마리의 암탉과 두 마리의 병아리가 살도록 하는 식의 해결이 아니라, 가금류나 돼지 등의 축산 전문 수의사가 인정한 가축의 건강 기준을 지키자는 것이다. 우리가 돼지를 무조건 자연에 풀어서 키우지 않은 것은 그 방법만이 능사는 아니라고 생각했기 때문이다. 그렇다면 축사의 격자망을 없애고 톱밥이나 건초 더미 위에서 돼지를 키우는 것은 어떤가? 실제로, "생태 농업" 단체들은 양돈업 실태에 관해 조사 중이며, 이러한 활동은 양돈업이 경쟁력을 갖도록 하는 데 도움을 줄 수 있을 것이다. 그 목적은 외부와 소통하지 않는 산업형 축산을 중단하고, 가축을 더 이상 네모난 축사에 가두어 키우지 않으며, 새로운 기준의 축사를 만들어, 가축의 건강을 돌보고 사료를 주는 방법을 꼼꼼히 따져 봄으로써, 농민 스스로 농업을 제어할 수 있도록 하자는 것이다. 간단히 말해, 산업적인 배터리식 축산의 미봉책과는 반대로 지속적으로 가축을 돌보는 총체적 관리 방식을 확립하자는 것이다. "우리는 그러한 관리 방식을 지속적으로 실천함으로써 문제를 근본적으로 해결할 것이다."

땅을 어떻게 이용할 것인가?

농장이 자급자족적이고 경제적인 방향으로 나간다면, 미래의 농업은 그 나름의 발전 가능성을 지닐 것이다. 식품 원산지에 대한 완전한 투명성을 보장하기 위해서는 농민 스스로 가축 사료 생산을 관리하지 않으면 안 될 것이고, 또 그렇지 않으면 살아남을 수가 없을 것이다. 따라서 농장 내에서 사료의 최대치를 생산하고, 그 생산을 관리해야 한다. 농장에서 윤작이 사라졌던 몇 해 동안 사람들은 전문화나 단일 경작이 만병통치약이 아니라는 것을 깨달았다. 수십 년 동안 땅에 콩과 식물을 키우고, 그 다음에 화본과 식물을 단일 경작하는 것은 매우 해로운 일이다. 반면에 콩과 식물과 화본과 식물을 윤작하는 것은 섞어짓기든 돌려짓기든 땅의 균형을 유지하고 독소를 제거하고 포식 동 · 식물군의 수를 줄여준다. 사료 작물을 재배함으로써 농민은 가축에게 먹일 사료를 얻고, 단일 경작도 피할 수 있다. 이것이 잘 이루어지면 산업형 축산에서처럼 단일 경작을 할 때 쓰는 화학제품과 비료의 상당량을 줄일 수 있다.

육류의 유통과 서 있는 가축?

경제적으로 비상식적인 일은 사회적으로도 비상식적이다. 하나의 동물성 단백질을 만들어 내기 위해서는 일곱 배의 식물성 단백질이 필요하다. 그럼 그만큼 육류를 더 소비해야 하는가? 영양학자들은 시민의 식사와 영양의 균형을 위해서 이 문제를 좀 더 연구해야 한다.

아무리 육류 위주의 식사가 늘어나더라도, 각국이 저마다 자국에서 소비되는 육류를 생산할 능력이 있다면, 그것이 전 세계적으로 유통되는 것은 경제적 난센스이다. 따라서 국제 무역은 국민 식량의 자급자족이라는 기반 위에서 재고되어야 하며, 그렇게 되면 무역은 자동 조절된다. 따라서 우리는 보조금을 받아 생산한 육류를 덤핑 가격으로 사하라 이남 지역 국가에 수출해서는 안 된다. 이것은 그 나라의 경제를 죽이는 짓이다. 또한 아르헨티나 산 쇠고기나 뉴질랜드 산 양고기를 수입하여, 그것을 식탁에 올려서는 안 된다.

사람들은 가족 단위로 "메이드 인 아메리카" 프랜차이즈 레스토랑에
간다. 한쪽에는 "그릴"이 있고, 다른 쪽에는 어린이 놀이방이 있다.

    이러한 음식점 체인이 전 세계적으로 늘어가는 것은 식
품의 원재료에서 최대의 이익을 끄집어내기 위함이다. 오늘
날 이러한 기업에서 사용하는 육류는 급료조차 제대로 받지
못하는 농민들이 생산한 매우 질이 낮은 것이다. 이것은 노
동의 권리도, 생산 비용을 산정할 권리도 고려하지 않은 채,
모든 영역의 생산 활동을 지속적으로 경쟁시키면서 그것의
가치를 떨어뜨리고자 했던 실패한 신자유주의 세계화의 또
한 예이다. 아르헨티나 쇠고기 시장은 호르몬을 억지로 주입
한 소들로 유지된다.
    안전한 쇠고기를 먹기 위하여 기본 원칙을 존중하고 세계
화를 멈추고자 한다면, 전 지구와 사회를 피폐하게 만들고 생
명체와 소비자 정신을 약화시키는 생산 경쟁을 증대시켜서는
안 된다. 사람들이 더 이상 집에서 밥을 먹지 않고 요리를 하
지 않는다면, 가정마저 해체될지 모른다. 이러한 상황을 그대
로 받아들이는 시민은 사회 체제를 약화시키는 데 일조하고,
자녀들의 행복한 내일을 포기하는 셈이다. 또한 이것은 자신
의 권리마저 포기하는 것임을 하루 속히 깨닫기를 바란다.

양돈 산업에서 농민 농업을 실천하려는 것은 단순히 돼지고기 가공업
을 하거나 돼지고기에 농장 생산물이라는 부가가치를 붙여 팔지 못하
는 문제를 상쇄하려는 것이 아니다.

지역 생산물에 높은 부가가치를 붙여 파는 대형 마트가 있다면, 모든 생산 요소와 제조 비용은 정육점이나 대형 마트에서 참고할 수 있는 품질 관리 보증서에 기록되어 있어야 한다.

몇 년 동안 여러 기관에 자신이 일군 부가가치를 도둑질 당했다고 하소연한 농부 역시 현재의 상황에 일말의 책임이 있다. 왜 그렇게 빼앗기고만 있었는가? 1960년대 초 노동조합이 발전하고 공동 생산이 한창 확산되던 때, 일부 산업과 균형을 이루기 위하여 농민들이 산업형 생산 방식을 공유한 것은 당연했다. 하지만 농민은 생산자이지 가공업자가 아니며, 그들이 모든 역할을 다 할 수는 없었다.

당시 농민들은 생산물을 팔기 위하여 대규모 조직에 의지했다. 그러나 30-35년 동안에 상황은 나빠졌다. 부가가치가 사라지는 것을 방치했던 농민들은 저가로 원료를 생산하는 생산자가 되었다. 게다가 되풀이되는 위생상의 위기에 대한 시민 의식이 커짐에 따라, 부가가치를 유지하면서 동시에 모든 중간업자를 배제하고 소비자와 그 가치를 나눌 수 있는 또 다른 거래 방법을 다시 생각해야 한다. 완제품의 가격에서 원료비가 차지하는 부분이 10% 이하인 생산 분야도 있다. 또 어떤 생산 분야에서는 포장과 광고가 차지하는 비용이 상품 자체 가격보다 세 배나 비싸고, 유통 비용은 네 배에서 여섯 배까지 차지하는 경우도 있다. 따라서 농민에게 돌아가는 이윤은 터무니없이 적어졌고, 농민의 노동에 대한 보수는 없어졌다. 대안을 마련하지 않을 수 없었을 것이다. 예를 들어,

농업 경영인들은 함께 공동 가공 작업장을 마련했다. 여기에 농민만이 아니라 여러 소비자 단체들도 자본을 출자했는데, 이것은 소규모 단위로 농산물을 가공하고 판매하는 데 도움을 주었다. 중요한 것은 각자 자신의 이익과 정당한 보수를 보장받는 일이다. 이러한 측면에서 소비자 단체는 지속적이고, 일관성 있고, 투명한 어떤 것을 이루는 데 일조할 것이다. 그것을 위해 우선 농민들은 시민이 그들에게 기대하는 것을 잘 읽어야 한다. 대규모 유통업체가 모든 시장을 장악하기 전에 시민과 농민 사이에 가교를 다시 놓아야 하며, 이것이 바로 농민 농업의 위상을 세우는 데 필요한 유일한 조건이다. 농민들은 다국적 기업에 의한 산업형 농업 생산물이 대형 마트에서 98%를 차지하는 것과 마찬가지 방식으로 생산물을 헐값에 팔아치워서는 안 된다. 농민 농업에 재정 및 행정, 법률 지원이 이루어진다면, 높은 부가가치를 지닌 생산물을 통해 지방 시장은 숫자가 늘어나고 여러 면에서 활기를 되찾게 될 것이다.

세계화의 테두리 안에서는, 투자 금액을 감당할 재정 능력이 없는 소규모 생산자에게 출자되는 자금은 아주 엄격한 규정이 적용되며, 오래 저장할 수 있는 농장 생산물과 쉽게 상하는 산업형 농업 생산물 사이에 차이도 없다. 30년 전에 우리 부모들이 나무판 위에 돼지비계를 저장하거나 식품 저장실에 며칠간 닭고기를 보관했던 것을 기억해 보자. 냉동고도 없던 그 시절에 어떻게 고기를 신선하게 보관했을까? 그것은 다름 아니라 오래 저장할 수 있는 고기를 생산했기 때문이었다. 오늘날 소비자는 산업화된 방법으로 생산된 육류의 조각을 산다. 햇빛이 비치는 진열장에 몇 분만 놓아두어도 고기에는 당장 박테리아가 번식할 것이다. 반대로 레드라벨[1]이나 AB 농산물(유기 농산물)[2]은 보존 기간이 보다 더 길 것이다. 소비자는 생산물의 가격이 현재보다 더 비싸질 수 있다는 것을 이해해야 한다. 동시에 유통 경로의 단축을 비롯한 가격 인상 요인이 줄어들기 때문에 소비자는 가격의 균형을 기대할 수 있으며, 그러한 과정에서 중개업자의 수도 줄어들 것이다. 이렇게 농업 방식의 명예를 회복시킨다면, 소비자들은 세금 고지서를 앞에 놓고 아마도 스스로 시민임에 만족할 것이다. 왜냐하면 지난날 생산주의 농업이 망쳐놓은 것을 회복하기 위하여 지불했던 세금을 이제는 더 이상 쏟아붓지 않아도 되기 때문이다.

가축 분뇨 처리에 들어가는 세금을 없애고, 돼지들을 풀밭으로 돌아오게 할 수 있는 현실적인 방법은 없을까?

생태 축산을 재건할 다른 방법들이 있다. 우리는 암돼지를 새끼들과 함께 건초더미가 쌓인 축사에서 키울 수 있다. 바로 땅위에서 말이다. 지금까지 여러 가지 형태의 생산 방

---

1. 계란, 가금육, 돼지고기, 쇠고기 등에 붙이는 품질 보증서. 엄격한 생산 과정과 가축 사육 시설 제한 등이 요구되지만, 가축 사료로 유기 농법으로 재배된 곡물뿐만 아니라 일반 농법으로 재배된 곡물을 이용하기도 한다.
2. 유기 농산물 품질 보증서로 화학 살충제나 항생제 등을 전혀 사용하지 않으며, 상품 생산 과정 역시 엄격하게 관리된다.

식이 시도되었다. 집약 축산의 발전 속에서 매우 강력한 로비를 펼쳤던 사람들은 격자형 디딤판과 분뇨용 구덩이가 딸린 축사를 팔면서 콘크리트 공장을 가동시킬 구실을 찾았다. 그들의 에너지 산업은 축사의 환기 장치와 분뇨 처리 장치를 제조하여 판매하는 것이다.

수년 동안 생산주의 모델을 고수하며 이익을 보았던 양돈 로비 단체의 압력으로 정부는 이러한 상황을 유지하는 데 일조했다.

그러나 환경이 악화되자 우리는 생태 축산으로 눈을 돌렸다. 특히 최근에 프랑스 서부 지방에서 분뇨 배출을 줄일 수 있는 새로운 정화기 설치를 주도하는 생산자들이 나타났다. 그것은 강을 오염시키고, 지속적으로 환경을 악화시키면서 정화 시설에 많은 비용을 지불하던 공장에서 시작되었다.

사람들은 수십 년 동안 물을 인류 공공의 재산이 아니라 또 다른 수익의 원천이라 생각하고, 어느 날 물이 말라 버릴 수도 있다는 것에 대해서는 염려하지 않으면서, 물 자원을 보전하기 위하여 아무 일도 하지 않았다. 오히려 허가 없이 우물을 파거나 취수장을 만들고, 이웃의 지하수를 끌어 쓰는 등의 일이 비일비재했다. 아무도 땅 속에서 무슨 일이 일어나는지 몰랐고, 지하가 누구의 소유인지 묻지 않았다. 지하수가 파괴된 그 순간부터 농업 경영인은 가축들에게 먹일 물 자원을 마음대로 쓸 수 없게 되었으며, 물을 처리하거나 사기 위해 생산 비용의 증가를 감내해야 했다. 게다가 심각한 위생상의 위험을 만들어 냈던 그들은 집약 농업 모델 시스템이 오염 제거 기술을 가지고 있어 위생상의 위험까지 제거할 수 있다고 생각했다. 이 시스템이 확고히 자리 잡는 동안, 정치가들은 수자원을 보호하는 데 아무런 역할도 하지 않았다. 인류 공공의 재산으로서 물의 가치는 논쟁의 대상이 되지 않았다. 물론 축사가 늘어났을 때, 사람들은 돼지우리가 집과 너무 가까운 것은 아닌지, 바람이 불면 마을 전체에 악취가 나는 것은 아닌지 염려했지만, 그 지역 전체가 취약해질 것이라고는 생각하지 않았다. 대부분의 축산 농가는 식수를 얻기 위해 탈질소 처리 시설을 갖추어야 한다. 이 시설을 유지하는 데 많은 비용이 들었음에도 불구하고, 오랫동안 아무것도 개선하지 못했다. 수십 년 동안 그것을 계속 사용한다면, 재난을 불러오게 될 것이다.

이것은 위험한 과정이다. 공적 자금의 도움을 받아 오염 처리 시설들을 설치하게 되면, 한곳에 생산 시설을 집약시키는 결과를 낳고, 그로 인해 농업은 산업으로 변질된다.

기술에 대한 새로운 신앙의 한 예가 있다: "두려워하지 마세요. 생산은 줄어들지 않을 것입니다. 새로운 정화 시설의 발전 덕분에 환경을 오염시키지 않으면서 생산을 늘릴 수 있을 것입니다"라고 양돈 산업의 로비스트는 말한다.

분뇨 위에서의 축산을 선택했다면, 분뇨의 배출을 잘 관리해야 했다. 퇴비는 토양의 통기성을 높이고 그것을 비옥하게 만든다. 물을 흡수하고 흙 속에서 저절로 썩는 짚을 이용한 축산을 발전시켰더라면, 현재의 분뇨 처리 문제도 해결하고, 축사 주변에서 농작물을 경작하면서 땅을 비옥하게 가꿀수 있었을 것이다. 산업형 생산 시스템은 농업과 환경을 대하는 이러한 시각을 중요시하지 않았다. 가축의 분뇨는 토양을 죽였으며, 그것을 다시 살려내기 위해 어쩔 수 없이 화학적 방법을 써야 했다. 게다가 분뇨 처리에는 거대한 시설이 필요했다. 더 많은 에너지를 써야 하는 사태에 이르자 분뇨 처리가 더 이상 지방 차원에서 관리할 수 있는 문제가 아니라는것을 인정해야 했다. 우리는 구덩이를 점점 더 깊고 넓게 판 다음 트럭으로 분뇨를 운반했다. 프랑스를 가로지르는 것은 문제도 아니었다. 그러나 대규모 축산을 하는 많은 지역의 농업 경영인들은 이제 새로운 기준에 따라 분뇨 생산에서 퇴비 생산으로 선회하고, 축사의 가축 수도 줄여야 한다. 그렇게 되면, 조금씩 다시 자원을 보존할 수 있게 될 것이며, 탈질소 시설의 건설을 멈추게 될 것이다.

산업형 농업에서 밭에 살포하는 살충제(넓은 지역은 비행기를 이용해 살포하기도 한다)와 인접한 숲의 벌채는 대기 오염의 주범이라고 비난받는다. 우리가 농민 농업을 포기한다면, 대기를 보존하려는 농민들의 헌신은 무엇이 되겠는가?

기업의 요구에 따라 변질된 농업은 화학제품을 최대한 사용한다. 때로는 오히려 기업이 그 사용을 막는 경우까지 있다. 곡물을 경작할 때, 우리는 화학 비료에 의존하지 않고 알코올을 탄 포도주를 사용할 수 있다. 이것은 토양에 적합한 조합이며, 농민들에게 화학적 농업으로부터 전환을 권유할 때 제안하는 방법이다. 살포된 화학제품은 지역 주민 모두가 숨쉬는 대기에 퍼지고, 지역의 동·식물군을 약화시킬 것이다. 몇몇 지방에서 보았던 비행기나 헬리콥터를 이용한 비료나 살충제 살포는 정말 터무니없는 일이다. 이 "폭탄"을 피하기 위해, 농민들은 투쟁하고 농민 농업을 실천해야 한다. 전문화를 지향하면서, 농민들은 점점 더 밭에서 멀어졌다. 그러나 이것을 막을 방법들이 있다. 예를 들어, 전문가를 포함한 여러 농민의 "지속적인 모임"은 미래의 일들을 연구하고 또 일반 농민들이 그것들에 대해 충분히 생각하도록 도와줌으로써 존경받게 될 것이다. 자연적인 방법들을 많이 사용하고, 석회 비료나 성장에 필수적인 미량 원소로 식물이나 토양의 면역력을 강화시키며, 재난을 예측하여 피하고자 할 때, 체계적 시스템보다는 예방에 관심을 가져야 한다. 농민들이 사용하는 화학제품이 위험하다면, 공적인 연구를 통해 건강을 위협하지 않는 방책을 제시해 주어야 한다. 농민들은 유기 농업을 선택하고 생체 역학에 관심을 가지고 있다. 어떤 지역에서건 대기 오염을 줄여야 하며, 지속적으로 살충제와 제초제가 살포되는 일이 있어서는 안 될 것이다.

집약 농업에서는 조방농업에서처럼 가축 분뇨로 만든 퇴비를 사용하지 않는다. 좋은 퇴비의 비밀은 가축의 사료에 있다는 것을 명심해야 한다.

　퇴비는 토양에 매우 중요한 요소이다. 퇴비는 땅을 숨쉬게 하고, 미생물이 잘 번식하게 하고, 식물에 꼭 필요한 부식토나 질소를 만들어 낸다. 가축이 어떤 사료를 먹느냐가 어떤 분뇨를 배출하느냐를 결정한다. 가축이 균형 잡힌 농축되지 않은 사료를 먹는다면, 토양에 전혀 유해하지 않은 쇠똥이나 양똥을 보게 될 것이다. 그렇지만 가축에게 사일로에 저장한 꼴이나 저장 사료를 준다면, 거친 풀이나 전분, 단백질 곡물을 먹였을 때와 같은 성분의 두엄이 나오지는 않을 것이다. 좋은 거름을 만들기 위해서는 두엄이 제 영양이나 효능을 잃지 않고 분해되어야 한다. 두엄은 공기 중에서 숨을 쉬어야 하므로, 더미의 높이와 넓이가 적당하게 유지되어야 한다. 너무 꽉 들어차거나 빽빽하게 높이 쌓여 있으면 제대로 만들어지지 않아 질소 함유량이 적어진다. 좋은 두엄으로 잘 발효되려면 많은 짚이 필요하고 충분한 습도를 유지해야 한다. 가축의 분뇨 안에 있는 박테리아는 그러한 과정이 빨리 진행되도록 도와준다. 이 모든 요소가 어울려 토양에 유익한 양질의 퇴비를 만드는 것이다. 축사에서 나온 분뇨 그대로 땅에 직접 뿌려지는 생두엄은 토양에 악영향을 미친다. 이것은 충분한 빛을 받고 제대로 발효되지 않았기 때문에, 토양을 차게 만들어 식물의 성장을 지연시킨다. 따라서 축사에서 나온 생두엄을 퇴비로 바꾸기 위해서는, 가축 분뇨에 짚과 흙을 섞어 겨울 동안 밭에 깔아 두는 것이 좋다.

　식물의 질은 간접적이지만 기르는 가축의 사료에 달려 있다고 할 수 있다. 사람이 먹는 우유나 고기가 소의 먹이에 달려 있다면, 소의 배설물은 당연히 미래의 부의 원천이다. 우리가 집약적인 방법으로 우유를 생산한다면, 사료의 질을 떨어뜨리고, 쇠똥의 질을 떨어뜨리고, 결국 퇴비의 질도 떨어뜨릴 것이다. 그렇지만 계절에 따라 우리가 원하는 작물을 재배하기 위해 사용하는 잘 썩은 두엄은 미래의 농업을 위한 황금 광산이다.

공동농업정책의 개혁안에서는 윤작을 위해 어떤 정책을 펼쳐야 할까?

공동농업정책은 새로운 농업 지원 방향을 설정해야 하며, 윤작을 다시 시작할 수 있도록 지원금을 재분배해야 할 것이다. 농민은 단체를 조직해 농민이라는 직업의 뿌리와 기원을 되찾아야 할 것이다. 유럽에서 옥수수 사일로를 만드는 데 쏟아 붓던 보조금을 사료 재배 지역에 지원한다면, 농민들은 훨씬 많은 땅을 목초지로 가꿀 것이며, 매년 목초지를 뒤집는 것보다 5-6년 지속적으로 경작하는 데 더 많은 관심을 가질 것이다. 그들은 환경에 해를 입히지 않는 방법으로 농사를 지음으로써 국토의 균형을 회복하고, 다시 농부다운 생각을 가지게 될 것이다.

미개간지에 대해 새로운 정책을 추진해야 하는가?

소위 수익성이 없기 때문에 농업 생산이 점점 더 어려워진 일부 지역에서, 공동농업정책은 미개간지에 혜택을 주었

다. 오쥬¹ 같은 지역에서 농장 자리는 영국, 아일랜드, 네덜란
드 사람들에게 팔렸으며, 좋은 땅은 근방에서 온 농민들이
차지했다. 경치가 아름답고 잘 보존된 이 "노르망디의 스위
스"에서 노르망디 식 집²들이 잘 팔렸다. 빈집은 빈집을 만들
고, 이러한 매매로 야기된 공동화와 아무것도 재배하지 않는
농토는 미개간지를 더욱 늘려갔다. 일 년에 한 달 정도 머무
르려는 사람들이 빈집을 사들인다고 죽은 땅을 되살리지는
못한다. 그리고 죽은 땅에 미래는 없다.

이러한 지역에서 단백질 식물을 다시 생산해야 하는가?

프랑스와 유럽 전 지역에서 질소 단백질 식물을 다시 경
작해, 축산 지역에서 필요로 하는 단백질을 최대한 보충해
주어야 한다. 산업형 농업의 전문화에 치중했던 25-30년 세
월을 하루아침에 되돌리기란 쉽지 않다. 그렇지만 목초지에
콩과 식물, 즉 클로버나 개자리 속을 다시 심는 것으로 시작
해 보자. 질소 단백질이 풍부한 이런 식물들은 공기 중의 자
연 질소를 흡수, 저장하여 화본과 식물들이 잘 자라도록 도
와준다. 이 지역에서는 가축 사육을 줄이고, 땅에 단백질 식
물을 심어 외부에서 사료를 덜 사들이도록 해야 한다. 계산
은 매우 간단하다. 즉, 세계 시장에 덜 의존하기 위해 콩과 식

---

1. 노르망디 남부 지방
2. 기둥, 대들보 따위의 목조 골재를 겉으로 보이게 하고 그 틈새를 석재, 흙벽,
   벽돌로 메우는 건축 방식

물을 다시 재배하는 것이며, 이것은 윤작을 용이하게 할 것이다. 다시 말해, 목초지에 클로버 같은 콩과 식물을 2-4년 재배하면 질소 비료를 쓰지 않고 곡류나 옥수수를 한두 해 경작할 수 있다. 그렇게 되면 전체적으로 절약하는 셈이며, 자립할 수 있게 된 농민은 많은 부가가치를 만들어 내는 생산자가 될 것이다.

프랑스는 어떤 지역이든지 필요한 단백질을 만들어 내기에 적당하다. 아마, 콜자, 콩, 층층이 부채꽃, 해바라기 등이 그것들이다. 하지만 해바라기나 콩은 일조량이 풍부한 토양에 심어야 하므로, 프랑스 북부나 동부에서는 피해야 한다.

어떤 지역에 잘 적응한 단백질 식물은 당장 그 지역 전체에 긍정적인 효과를 미친다. 브르타뉴의 땅에 콩과 식물들을 다시 심는다면, 브라질의 콩, 태국의 마니오크(카사바), 프랑스와 유럽 남부의 질소 단백질 식물 등을 들여오기 위해 트럭과 배로 수백, 수천 킬로미터를 이동하지 않아도 될 것이다. 우리는 다른 지역에 비하여 "사회적으로 적합"하며 국가적으로 경제적인, 실현 가능한 농업으로 되돌아갈 것이다.

프랑수아 뒤푸르는 망슈에 있는 자신의 농장에 콩과 식물을 다시 심었다. 그렇게 해서 그는 18-20톤의 콩과 10-12톤의 화학 비료 구매를 줄였다.

나는 땅에 화이트 클로버 같은 콩과 식물을 심고, 곡물과 함께 사료용 완두콩을 심음으로써 유럽의 단백질 식물 회복

계획에 참여했고, 트럭의 운행 횟수를 줄이는 데 일조했다. 농민이 줄고 트럭 운전사가 느는 것보다, 더 많은 농민이 농사를 짓고, 도로에 대형 트럭이 덜 다니는 근거리 무역을 하는 편이 낫지 않는가? 이러한 논리가 과거 지향적인 것은 아니다. 반대로 농업에 대한 사회 전반의 기대에 부응하는 일이다.

농민 공동체가 땅을 보존하고, 돌보고, 재생시키는 의사가 될 수 있을까? 물에 관해서는 두 가지 문제가 제기된다. 첫 번째는 텔레비전 시청자들에게 이를 닦는 동안에 반드시 수도꼭지를 잠그라는 물 절약 안내를 해야 한다는 것이다. "물을 낭비하지 마시오. 물을 아끼세요." 특히 관개 시설이 잘 갖추어진 라보스의 밭을 볼 때마다 심각한 물 낭비가 염려된다. 두 번째는 지하수 오염에 관한 문제이다. 사물의 질서가 어떻게 이렇게 뒤죽박죽 될 수 있는가?

단일 경작을 그만두고 윤작을 실행한다면 물 소비를 줄일 수 있을 것이다. 왜 아두르 지역을 옥수수나 종자 생산 지역으로 특화시켰으며, 바생-파리지앵 지역을 밀 단작 지역으로 특화시켰는가? 그것은 분명히 강력한 산업이 뒤에 버티고 있었기 때문이다. 바생-파리지앵에서 다시 농작물을 재배한다 하더라도, 피니스테르나 코트 다르모르에서 만든 거름을 그곳까지 운반하지는 않을 것이다. 이 지역에서 다시 가축을 사육한다면, 이곳의 가축들은 다른 지역에서처럼 땅과 무관하지 않을 것이며, 우리는 산업형 축산 같은 모델을 채택하지는 않을 것이다. 반대로 여러 식물들과 콩과 식물들을 윤작할 것이다. 만일 우리가 지구 반대편으로 보낼 수출용 밀을 전문적으로 경작한다면, 작물들의 조화를 고려하지는 않을 것이다. 반대로 바생-파리지앵에서 지속적으로 근거리 지역 시장을 열고자 한다면, 귀리, 밀, 사료용 완두콩을 섞어 경작해야 할 것이다. 완두콩은 콩과 식물로서 대기 중의 질소를 고정하여 다른 식물들이 잘 자라도록 도와준다. 이렇게 윤작이 다시 도입되어 점차 조화를 이루게 되면, 우리가 원하는 균형을 되찾을 것이다.

농업은 수익성만을 추구하는 산업이 아니다. 그것은 지속된 시간 같은 것이어서 우리가 하루아침에 모델을 바꿀 수는 없다. 관개 시설이 만들어졌다면, 당장 그것을 철거할 수 없으며, 그대로 단일 경작을 시행하게 될 것이다. 우리는 더 많은 이익을 거두기 위해서 언제나 다져진 땅에 관개 시설을 만든다. 그렇지만 이렇게 해서 생산성이 증가하더라도 관개 시설 비용을 충당하는 데 충분하지 않다. 그 결과 유럽에서 관개 시설 특별 보조금이 생겨났다. 경제와 환경 계획에 악순환이 반복되는 증거이다. 그렇지만 콩과 식물을 재배하고 윤작을 다시 시행한다면, 여러 가지 문제를 동시에 해결하면서 점차 이러한 상황에서 벗어날 수 있을 것이다.

프랑스에서 지하수층 오염 문제를 생산주의 농업 탓으로만 돌릴 수 있는가? 서부 지방의 지하수층 오염은 집약적 양돈이 그 원인이다. 문제는 다품종 경작을 하는 다른 지방의 지하수층도 오염되었다는 것이다.

모든 사회 문제를 농업 탓으로만 돌릴 수는 없다. 그렇지만 오늘날 지하수층을 관리할 수 있는 최선의 방법은, 농민이 토지의 상태를 잘 파악할 수 있도록 필요한 시설을 갖추는 것이다. 예를 들어, 어떤 경작에 적합한 토지인지 알 수 있도록 토지의 심층이나 토양의 성질을 탐지할 수 있는 장치를 마련해야 한다.

사회의 다른 부문처럼 농업에서도 많은 폐기물들이 나왔다. 앞으로도 그러할 것이다. 토양에서 다량의 물질을 걸러주는 필터를 없앤 것은 잘못이다. 가축 분뇨의 저장 기간을 늘리기 위해 다량의 콘크리트 구덩이를 팠지만, 토양에 분뇨가 축적되는 문제를 해결하지 못했다. 반대로 이러한 파행을 멈추고자 한다면, 배수 장치를 만들면서 사라지게 했던 필터를 복구하고, 또 배출물을 분별 있게 이용할 수 있어야 한다. 우리는 토양 오염 인자들을 붙잡아 정화시키는 습지의 영향과 능력을 간과했다. 겨울의 습지, 보기 어려운 풀들이 있는 산성 토양은 필터의 역할을 한다. 그런데 지하 배수로를 놓기 위해 굴착기로 파헤쳐 이 모든 것을 없애 버렸다. 왜냐하면 보조금을 받는 옥수수나 밀이 있었기 때문이다. 우리는 하천 근처까지 하수관을 만들었으며, 홍수가 나면 이것을 따라 옥수수가 흡수하지 못한 모든 화학 폐기물이 한데 모였다. 결국 우리는 탈질소 처리 시설과 물 처리 공장이라는 어처구니없는 미봉책을 만들어 냈다.

습지나 하천 지역은 완전히 다르게 관리되어야 한다. 공동농업정책은 습지에서 사일로 옥수수를 재배하는 사람에게 지원금을 주는 정책을 펼치기까지 했다. 우리는 위험하고 취약한 이 지역에서 10여 년 동안 끔찍한 재난이 야기될 것이라는 사실을 알지 못했다. 30-50년, 심지어는 한 세기 동안 풀들이 펼쳐져 있던 습지에서는 그 뿌리가 식물과 동물과 저수지를 지탱해 주는 완충 지대를 만든다. 바로 이 완충 지대가 홍수 피해를 막아 준다. 물을 더욱 빠르게 내보내기 위해, 결과는 생각지도 않고 배수 장치를 이용해 물을 빼냈다. 하지만 물은 자연스럽게 사방으로 흘러가야 한다. 지구 온난화에 대해 말하는 지금, 물 낭비조차 관리하지 못하면서 앞으로 수위 상승에 직면해 과연 무엇을 할 수 있을까?

오랜 시간 동안 만들어진 습지는 그 나름의 지위와 목적과 특성을 지녔다. 생태 박물관을 만들기 위해서가 아니라 제어할 수 있는 자연 축산을 하기 위해서 완충 지대를 다시 만들어야 한다. 이것은 경제적 측면에서도 생산적일 것이다. 더 이상 이 땅에서 하천 유역까지 화학 약품이 흘러드는 단일 경작을 해서는 안 되며, 풍요로움의 원천인 완충 지대를 파괴하지 말아야 한다. 습지의 풀들을 파 엎으면서, 엄청난 양의 축적된 질소가 방출됐다. 이러한 습지에서는 비료가 필요하지 않았다. 사람들은 해마다 7월에 대량의 건초를 얻었으며, 9월에는 첫 번째 벌초 후에 다시 돋아난 풀들을 또 거두었다. 땅을 쉬도록 내버려두면, 그 땅은 재생산 기능뿐만 아니라, 배수와 자연보호, 그리고 솜므 만에서처럼 재난을 막을 수 있는 저수 기능을 수행했다.

그러나 변화된 사회가 농업-환경의 균형을 깨뜨렸다. 유럽 차원의 나투라 2000[1]은 이러한 지역의 보호를 목표로 했다. "둥지를 트는 새들과 나무를 보호해야 한다"고 했다. 불행하게도 이 계획은 완충 지대의 영향을 과소평가했다. 완충지대는 자연보호 지역에 관한 것이 아니라 홍수 피해를 제어하는 것에 관한 것이란 이유에서였다. 그러나 그것은 편협한 시야를 가지고 문제에 접근하는 것이다. 유럽 차원의 이 계획에 담긴 정신은 시민 사회와의 단절을 조장하기 때문에 위험하다. 사실 도시인들이 이 장소를 보호하자고 요구하는 것은 그곳을 거니는 즐거움을 위해서이다. 인디언 보호 구역을 만들었을 때도 그런 위험이 있었다. 그러나 농민은 그 땅을 사료나 자연 축산을 위한 생산적인 곳으로 생각한다. 농촌 체험 관광은 농업 생산성을 희생시키지 않으면서 지속 가능한 방법으로 재건되어야 한다.

완충 지역이나 보호 지역처럼 부를 생산하는 지역은 겨울 동안 봄을 준비하는 에너지를 모아 두어야 한다. 잠시 그곳에 흘러들어온 물은 풀의 맛과 영양을 높인다. 봄에 가축들이 풀을 뜯으러 그곳에 가면, 양질의 목초가 가득하였다. 나이든 농부들은 이곳이 사료가 부족할 때 보충할 수 있는 곳임을 잘 알고 있었으며, 비축 건초가 부족한 내륙 지역에 건초를 팔기까지 했다. 그러나 젊은 농업 경영인들은 이 습

---

1. 생태 네트워크는 주로 유럽을 중심으로 시도되기 시작했으며, 추진 정책들을 꾸준히 개발해 시행하고 있다. 대표적인 유럽의 생태 네트워크로는 NATURA 2000, EMERALD NETWORK, ECCONET 등이 있다. 이 가운데 NATURA 2000 은 1979년에 처음 체결되었으며, 야생조류 서식지를 특별 보호 구역으로 지정한 것이다.

지를 이용할 생각을 하지 않았다. 바생-파리지앵 지역이나 그 외의 지역에서 거대한 경작지를 일구며 사는 사람들은 시장 논리에 맞는 생산 방식을 고수할 뿐 습지를 활용할 수 있는 능력은 없었다. 사람들이 생활 터전을 변화시킬 능력이 있다는 것은 확실하지만, 그들이 개발한 곳은 지식의 전달 장소였으며, 누구도 그들에게 개발 권리를 넘겨준 적이 없다.

우유 생산 쿼터제[1]를 경험했는가?

우선 역효과를 생각해 보자. 1970년대 우유가 과잉 생산되었을 때, 우유를 분유의 형태로 저장했다. 1톤의 분유를 만들려면 1톤의 원유가 필요했다. 터무니없는 경제적 난센스이다. 1970년대 말 백만 톤의 분유와 90만 톤의 버터가 유럽 창고에 저장되어 있었다. 농업경영자조합 전국연합은 피자니[2] 원칙에 의해 확립된 이 시스템을 처음부터 재검토할 생각이 전혀 없었다. 프랑스 낙농 기업은 그 시스템의 결과를 납세자들에게 떠넘기면서 오직 비약적 성장만을 목표로 삼았다. 이따금 수천 톤의 분유와 버터로 넘쳐나는 냉동 시설을 비워

---

1. 연간 우유 생산량을 조절하기 위한 프로그램으로 할당량 초과시 많은 벌금을 부과한다.
2. Edgard Pisani: 1918년 튀니스 출생의 프랑스 정치가. 1947년 오트-마르 도지 사로 정계에 입문한 그는 드골 정부 시절에 농업부 장관직을 지냈다. 생산주의 농업과, 공동농업정책 확립을 주도한 인물이었다. 그러나 현재, 농업 시장의 산업화, 세계화를 비판하면서, 이에 관한 문제나 미래의 식량과 환경에 관한 문제들을 연구하고 그에 관한 저술에 전념하고 있다.

야 했을 때, 러시아나 개발도상국들에게 인도주의적 차원에
서 원조를 했다. 이미 생산자들에게 모든 값을 지불했으며,
지원금으로 저장한 유제품은 낮은 가격으로 팔렸다. 심지어
몇몇 국가에는 5년 정도 보관해 유통 기간이 지난 상당량의
버터를 넘겨주기도 했다. 이것은 원조를 받는 나라의 국민들
에게 거지 근성을 심어주는 등 지나친 관용주의의 역효과를
낳기까지 했다. "힘들여 계속 농사를 짓지 마세요. 우리가 가
끔씩 50톤에서 10만 톤의 버터를 원조하겠습니다."

출발은 좋은 듯했던 이러한 조치들이 시간이 지나면서 역효과를 낳았
다. 우유 생산 쿼터제를 포함해 1984년에 확정된 조치들은 그 자체가
정도에서 벗어난 것이었다.

1970년대 말, 낙농업 — 완전히 농업경영자조합 전국연
합의 손안에 있었다 — 의 모토는 오직 하나였다. "서둘러 생
산하라. 곧 생산량을 평가하겠으니, 그 전에 생산 주기를 가
속화하라." 이러한 명령이 농민들 모두에게 전달된 것은 아
니다. 농업 조합이나 정보가 풍부한 일부 생산자들에게만 전
달되었다. 당시 우리는 모든 우유 생산 농가에 같은 수준으
로 지원하는 것은 불합리하다는 생각으로 출자 총액 제한 제
도를 요구했다. 낙농 시장을 지원한다는 미명 아래, 제도의
내용을 제대로 이해하지도 못한 채, 소비자는 리터당 25상팀[1]

---

1. 100분의 1프랑

을 지불했다. 매년 우유 가격은 올랐고, 대규모 낙농업자들은 생산을 확대했다. 우리를 포함한 소수의 농민 집단은 농장의 자산과 지역에 따라 우유 생산량의 상한선을 설정하도록 요구했다. 예를 들어, 각 농장당 최초 생산하는 10만 리터에 대해 가격을 정하는 것이다. 생산량 결정은 각자에게 달려 있지만 여분의 생산량에는 자금을 지원하지 않는다는 것이다. 생산된 우유 가격을 지원금 25상팀을 포함하여 1.60프랑으로 매긴다면, 초과 생산한 우유에는 1.35프랑의 가격만을 매긴다는 것이다. 초과 생산이 이익을 주지 않는다면, 조합은 초과 생산을 장려하지 않을 것이고, 농민들은 생산량을 제한할 것이라고 생각했다.

1984년 4월 1일 농업부 장관 미셸 로카르Michel Rocard[1]는 우유 생산 쿼터제를 채택했다. 우유 생산 쿼터제는 유럽연합과 농업경영자조합 전국연합 사이의 거래였다. 1984년 4월 1일 아침, 모든 낙농업자에게 생산을 4% 감소하라는 지침이 하달되었고, 상황은 얼어붙었다. 30만 리터를 생산하는 농가도 4%를 감소해야 했으며, 3만 리터를 생산하는 농가도 4%를 감소해야 했다. 두 경우에 미치는 파급 효과는 같지 않다. 따뜻한 겨울을 보내기 위해 이미 모든 준비를 마친 사람들에게는 아무런 문제가 되지 않았다. 그러한 조치의 표적이 되었던 사람, 토지 규모에 따른 농장 확장 권리가 없었으므로 자신의 작은 농장에 발이 묶여 있던 사람, 그리고 설비를 늘

---

1. 프랑스 정치가. 미테랑 대통령 시절에 총리를 지냄.

리지 않고 부모가 물려준 농장에서 최선을 다해 6-7만 리터의 우유를 생산하던 젊은 농업인에게 이것은 숨통을 끊는 최후의 일격 같았다. 그리고 이러한 동결 이후 생산 쿼터제가 시행된 다음 해에 프랑스 정부, 유럽연합과 함께 지방 의회와도 의회는, 모든 소규모 생산업자로 하여금 직업을 버리고 농사를 포기하도록 만든 재건 계획에 자금을 지원했다.

농업경영자조합 전국연합은 농민과 지역 간의 생산 균형을 되찾을 수 있는 출자 총액 제한제를 원하지 않았다. 농업경영자조합 전국연합은 우유 생산 쿼터제를 선호했다. 최악의 사태는 생산 쿼터제를 시행하면서 그것을 제대로 관리하지 않고, 장난을 치는 대기업을 그대로 두었다는 점이다. 잘 알다시피 기업의 오직 한 가지 목적은 농장에서 나오는 하얀색 금덩이를 가로 채는 것이다. 농민의 처지에서 그들을 어쩔 수 없었다. 당시 우리는 기업이 농장에서 일하는 사람들을 무시하고, 단지 제품의 상품 가치만을 고려하는 것에 대항했다. 정부는 소농들을 내쫓는 기업을 그대로 보고만 있었다.

따라서 게임의 주도자들은 생산량 쿼터제를 조작했다. 여기에 1984년부터 1995년까지 그들이 어떤 속임수를 썼는지가 있다. 매년 농민들이 할당량에 이르지 못했을 때를 대비하여 예비 생산 우유라는 것이 있었다. 생산자들은 상호부조했으며, 자신의 할당량보다 1%에서 2% 정도의 초과 생산은 묵인되었다. 모든 수단을 지니고 있던 기업은 낙농철이 끝나기 전 서너 달 동안 대량 생산 낙농업자들을 미리 배려

했다. 그들은 때로 주저하지 않고 다섯에서 열 마리의 젖소를 사들였으며, 이런 대규모 가축들을 기반으로 눈부신 발전을 이루었다. 이와는 반대로 소규모 낙농업자들은 정보를 공평하게 나누어 갖지 못했다. "모른다. 여러분에게 전해 줄 정보가 없다. 자, 여러분이 20리터의 우유를 초과 생산했다면, 초과 생산분에 대해서는 1.80프랑을 지불하겠다. 그렇지만 2.50프랑의 벌금을 물어야 하고, 소득에서 그것을 미리 공제할 것이므로, 여러분은 당연히 어떤 생산 이익도 남기지 못할 것이다." 따라서 이 시스템의 덫에 걸린 소농들은 난감한 상황에 처했다. "어떻게 해야 하죠? 5리터를 초과 생산했어요, 100리터를 초과했어요. 어떻게 해야 할지 모르겠어요." 반면, 한편에서 농업 조합이나 기업으로부터 충분한 정보를 얻고 있는 대규모 낙농업자들은 이렇게 말했다. "저요? 제 할당량에 3만 리터를 초과했어요. 일 년에 30만 리터를 생산해야 하지요. 목표를 달성할 수 있습니다." 정부는 생산 쿼터제를 확립했음에도 불구하고, 낙농업의 균형을 회복시켰다는 명성을 얻을 만한 행정부의 통제력을 발휘하지 못했다. 정부가 앞장서서 소규모 농가를 제거하는 정책을 펼친 결과를 낳았다. 이렇게 해서 프랑스에서 1984년 45만이던 낙농가가 2000년에 이르자 15만의 낙농가만 남게 되었다. 16년 동안, 30만 낙농가(생산 인구로 계산하면 54만이다)가 뿌리를 뽑혀 버린 셈이다. 이것은 공동체의 희생, 도 의회와 지방 의회의 재정 부담, 농촌에서 농민을 몰아내려는 정부의 승인이 만들어 낸 재건 계획의 성과이다. 이 재난 상황은 자금 지원과 대대적인 준비 그리고 정책적 보호라는 조건이 힘을 더해 이루어낸 것이다.

오늘날 상황은 변했다. 그 증거로 농업경영자조합 전국연합이 관리하는 우유 사무국Onilait과 정부의 평등한 관계는 2001년 1월 중순경부터 시작되었다. 평등한 관계란 무엇을 말하는가? 우리에게 이제 15만의 낙농가만이 남게 되었던 바로 그날 재조직이 시작되었지만, 경제적·재정적 불확실성으로 인해 2010년에는 그중 50%만이 남게 되는 사태를 초래할 것이다. 모두 그 점을 "개탄하면서도," 연합 단체들과 낙농 기업들은 7만의 낙농가만을 남기기로 정책의 방향을 결정했다. 그때부터 우유 사무국의 품에 있던 낙농업자들은 서로 공모하여 소규모 낙농가를 제거하면서 모든 것을 재조직했다. 2001년 2월 1일 이후에 대대적인 준비가 있었다. 프랑스 정부는, 우유 사무국의 중재로, 이 재조직을 돕기 위해 해마다 많은 돈을 내놓을 것이며, 정부-지방 플랜을 실시할 책임을 지닌 지방 정부는 그 움직임에 동조할 것이다. 경제적 손실을 막고, 소규모와 중간 규모의 낙농가를 보호하기 위해서는 출자 총액을 제한하는 일이 시급하다.

프랑스는 유럽에서 숲이 가장 우거진 나라들 가운데 하나이다. 숲은 대부분 개인이 관리한다. 잘 관리된 숲과, 주인이 거의 찾아오지 않는 토지들이 있다. 우리가 숨 쉬는 공기를 만들어 내는 데 중요한 역할을 하는 임업 분야에 농민을 더 참여시킬 수 있지 않을까?

정부는 나무와 숲이 자연의 균형을 이루는 데 지배적인 역할을 한다는 사실을 고려해야 한다. 바로 이러한 문제를 정부가 중재해야 하는 것이다. 숲의 관리 장려 정책은 개인 소유자들에게 자신의 토지를 보존하도록 강요하는 방법이 될 수 있다. 정부는 활용하지 않는 개인 소유의 숲에 세금을 매길 수 있다.

많은 농촌 코뮌에서 성의 소유주들은 오랫동안 주변의 숲을 관리해 왔다. 그런데 대규모 농장이 작은 농가들을 흡수하면서 농업을 재정비했다. 이에 따라 대규모 농장 주변의 숲이 위태로워졌다. 농업의 형태가 변함에 따라 숲이 전처럼 다양하게 이용되지 않았다. 예전에는 나무를 이용해서 울타리를 만들고, 둥근 나무통을 만들고, 겨울에 쓸 땔나무 단을 만들고, 쇠스랑과 삽과 곡괭이 자루를 만들기도 했다. 나무를 활용하는 것은 농가가 누릴 수 있는 풍요로움이었다. 문제는 값싼 에너지만 가치 있게 생각하면서, 균형을 유지해 오던 농촌 사회 전체에 균열이 생기기 시작했다는 것이다. 농장들이 잡목림이나 나무숲을 더 이상 돌보지 않고 있지만, 숲을 유지하는 일은 자연의 균형을 지키는 것임을 인식해야 한다. 인간의 개입으로 자연 경관이 변질되는 것을 심각하게 생각해야 한다. 많은 지역에서 나무를 다시 심고 훼손된 경관을 되살리는 데 책정되었던 총예산의 1%가 결국 종탑을 고치는 데 사용되었다. 농민들이 있어야 한다고 깨닫는 순간, 그리고 적어도 농업을 보호해야 한다고 깨닫는 순간, 도시 사회는 자연을 지키는 일이 지저귀는 작은 새들을 보호하는 일로만

이루어지는 것이 아니라는 사실을 알아야 한다. 자연은 다양
하고 복잡한 균형을 이루고 서 있는 선축물이다.

**주변에 숲이 없는 농장에서 개인 사유 토지의 관리를 제안하는 일은 아
무런 관심도 끌지 못할 것이다.**

어떤 형태의 농업이든, 어떤 지역이든 크고 작은 숲을 재
조성하는 일은 식물과 동물과 인간을 위해 자연의 균형을 회
복하는 데 필수적이다. 특히 가축을 사육하는 모든 지역에서
더욱 그렇다. 거기에 농민들이 힘을 더해야 한다.

**농민들에게 농장 주변에서 원시의 삶의 모습을 유지하라고 요구할 수
있을까? 이것은 수렵인들의 하소연이 아니라, 생물의 다양성을 책임지
고 있는 과학자들이 표명한 바람이다.**

인간의 활동이 사라지는 것은 균형 상실의 한 요인이다.
수많은 지역에서 사람이 사라지는 순간부터 원시의 삶이 자
리 잡는다. 만일 우리가 땅의 문화와 생활 습관을 다시 받아
들인다면, 문제는 저절로 해결되고, 우리는 동·식물군과 일
상생활 사이의 균형을 제어할 수 있을 것이다. 어떤 지역에
서 사람이 사라진다면, 자연은 모든 병을 이겨낼 것이다. 이
것이 갈등의 요인이다. 지금까지 일종의 대립이 있었는데, 생
물학자는 보호 지역 전체를 울타리로 둘러싸려 했던 반면에
농민은 약탈자들을 밝혀내 없애 버렸다. 자급자족이 불확실

했고, 어떤 법규의 규제도 없었기 때문에, 우리는 그것을 이해할 수 있다. 그런데 지금 생물의 다양성에 위기가 닥쳤다. 극단적인 환경 보호론자들과 소작지의 수렵인들 사이의 전쟁이 지속되어서는 안 된다. 누구도 다른 사람에게 돌을 던져서는 안 되지만, 각자 자기 문 앞의 쓰레기는 자기가 치워야 한다. 이것이 균형의 개념이다. 땅을 어떻게 경작하느냐에 따라 그때그때 다른 사냥감을 볼 수 있다. 예전에 밭에서는 자고새, 사과나무 사이에서는 토끼, 수풀 주변에서는 산토끼를 찾아볼 수 있었다. 그러나 대부분의 땅에 옥수수를 심자, 멧돼지가 나타났으며, 자고새도, 토끼도, 산토끼도 점점 사라져 갔다. 그렇다고 멧돼지가 자고새를 사냥했던 것은 아니다. 옥수수 경작이 지나치게 늘어나면서 살충제나 제초제 같은 화학제품을 남용한 결과였다. 게다가 나무 울타리마저 다 뽑아 버렸기 때문에 토끼도 보금자리를 잃었다.

우리가 만일 다양한 농민 농업을 재개한다면, 이 지역은 자연 그대로의 제 모습을 되찾을 것이다. 사람이 살고 있는 농촌에서 자기 조절 능력이 다시 힘을 얻어 움직이기 시작할 것이다. 단일 경작과 전문화된 농업을 시행하면서, 사냥감의 유형이 달라졌고, 모든 사람들이 불만을 품었다. 농민 농업의 실천은 자신을 구원자라고 생각하는 환경 보호론자와 때로 그 지역의 주인이 되고자 하는 수렵인들 사이의 균형 요소가 될 수 있다. 각자 극단주의를 포기한다면, 우리는 불필요한 소모전을 끝마칠 수 있을 것이다.

독자적으로 수렵인 대표를 선출하려는 대지주제에서 벗

어나는 것이 중요하다. 작은 코뮌들 내에 수렵 단체의 수가 많아지면, 그들은 농민들과 보다 부드러운 관계를 유지해야 할 것이다. 수렵지의 사냥감을 늘리고, 그것을 보존하고, 각자 제 역할을 하면서 현명한 목적을 향해 함께 나가야 할 것이다. 그러나 불행하게도 이러한 경우는 흔하지 않으며, 중요한 개인 소유의 사냥터에서는 갈등이 터져 나온다. 우리는 그것을 법으로 해결할 것이 아니라, 땅에 대한 생각을 바꾸고 자연의 균형을 존중함으로써 해결해야 한다. 독점은 유지될 수 없다. 따라서 사람들 사이의 평화를 유지하기 위해서 사회생활을 논쟁의 중심으로 삼는 것이 중요하다.

10. 전염병으로부터 어떤 교훈을 얻었는가?

보건상의 이유보다는 경제적인 이유로 아프타열 예방 접종을 폐지했다. 양고기 구매국은 예방 접종을 한 가축을 원하지 않았다. 건강한 바이러스 운반체가 되어, 특히 미국에서 가금류 전체를 전염시킬 수 있다는 것이 이유였다.

수출용 육류는 비용이 많이 들고, 이력 추적 시스템이 없다는 이유로, 예방 접종을 하지 않았다. 아프타열은 어떻게 보면 집약 축산에 의해 약해진 가축을 운반하기 때문에 생기는 질병이다.

최근의 위기 직후에 유럽과 전 세계에서 백신에 관해 대대적인 논쟁이 벌어졌다. 그 논쟁은 모든 질병의 확산에 대비해 무제한으로 백신을 주사해야 하는가, 아니면 면역성을 강화시켜 가축들의 저항력을 길러줘야 하는가에 관한 것이었다. 만일 우리가 적합한 사료로 가축을 사육함으로써 저항력을 길러준다면, 튼튼해진 가축은 제 역할을 다할 것이다. 오늘날 우리는 천연 식물 추출물과 식물성 기름을 이용해 동물의 면역성을 높임으로써 아프타열을 예방하고 있다. 이미 이런 방식으로 150-200건의 아프타열 발병에 대처하여 30-50만 마리의 가축을 도축하지 않고 구해냈다.

공중 보건 책임자는 예방 원칙이라는 이름으로 공권력을 행사했다. "백만 마리보다는 만 마리를 희생하는 것이 낫습니다." 그들은 가축에게 쓸데없이 가해지는 정신적 충격은 염려하지 않았다. BSE(소의 다공성 뇌질환) 경고가 울리자, 소들은 격리되어 폐기 처분되었다. 그렇지만 최소한 농장에서 그대로 도축되지는 않았으며, 폐기된 소들은 공업용으로 해체되었다. 그런데 아프타열에 걸린 양들은 농장에서 그대로 도축되어 농장 마당에 쌓여 있었고, 농민들은 텅 빈 우리를 바라보며 마음 아파했다. 그날 오후 내내 텔레비전을 통해 그 장면이 공개되었으며, 육류 소비자들은 그 모습에 혐오감을 느꼈다. 처음에 우리는 영국의 어떤 신문에서 중세의 화형 장면을 상기시키는 소름끼치는 소각 장면을 보았다. 화면에서 도축된 가축을 본 사람들은 이미 쇠고기에 대한 입맛을 잃었고, 인체에 무해하다고 거듭 강조해도(사람에게 감염된 경우는 없다), 양고기 먹는 것을 자제하였다. 책임자들은 전 세계적인 심리적 충격을 과소평가했던 것이다. 또한 이러한 위기에 편승해 이익을 보려는 것도 경계해야 한다. 생산주의 시스템이 가져온 사고들은 우연이 아니며, 되풀이되는 이러한 사태는 계획적인 범죄로 간주되어 처벌받아야 한다. 가축의 소각 장면이 전 세계에 공개된 것은, 다른 나라 사람들이 광우병에 강박 관념을 가지는 것만큼이나 심각한 일이라 할 수 있다. 1997년 네덜란드에서 돼지 콜레라가 발생했을 때, 그중 50%가 도축되었다. 유럽에서는, 가축끼리 전염되지 않지만, 광우병에 걸린 소 전부를 도축, 폐기하고 있다. 마찬가지로 아프타열에 감염된 가축도 철저히 도축된다. 정치적이고 경제적인 선택은 비즈니스의 방향을 바꾸게 하여, 약품과 화학제품에서 가축 사료까지 무역의 악순환을 낳는다. WTO의 견해로는, 공중 보건의 위기 상황에서 생산한 가축을 도축하고 그 도축 비용을 납세자가 지불하는 일쯤은 전혀 문제가 되지 않는 듯하다. 과잉 생산으로 인한 위기에 직면했을 때, 농민들은 정부에 피해 보상을 요구했으나 다음과 같은 답변을 얻었을 뿐이다. "우리가 지급할 수 있는 것은 생산 보조금입니다. 따라서 여러분의 요구를 들어줄 수 없습니다."

정부는 납세자에게 비용을 지불하도록 함으로써 반복되는 위기를 관리했다. 가축을 소각하기로 결정한 사람은 누구인가? 누가 화형 명령에 사인을 했는가? 이 위기에 대한 유럽위원회의 비이성적 관리와 공권력의 영향으로 누군가 큰 이익을 얻었다.

모든 일은 마치 우리가 이 "사고"를 미리 계획이나 한 것처럼 진행되었고, 한쪽에서는 거대한 농업 관련 기업이 상당한 시장 점유율을 차지했다고 알려졌다. 사실 이러한 위기 속에서 상당수의 소규모 축산업자들은 빠르게 도태되었다. 영국은 아프타열 처리 비용으로 석 달에 걸쳐 프랑스에 천억 프랑을 지원했다. 영국의 재정경제부 장관은 이렇게 발표했다. "영국의 농민은 총인구의 1% 미만입니다. 농업은 연간 4백억 프랑 정도의 수익을 냅니다. 반면에 농촌 관광 사업은 5천억 프랑을 벌어들입니다." 겨우 4백억 프랑의 수익을 거두기 위해 가축 도축에 드는 천억 프랑의 지원금을 낭비하고 싶지 않다는 점을 암시하는 것이며, 다시 말하면 결국 농민을 사지로 몰아넣고 스스로 파멸할 이러한 농업에는 신물이 난다는 것이다. 요컨대 영국 재정경제부 장관의 말을 들어보면, 자신들의 이익을 챙기기에 급급하다는 것을 알 수 있다.

보건상의 위기 속에서 중소 농민들이 죽어갈수록 결국 산업형 농업은 점점 더 많은 자리를 차지할 것이 분명하다. 그리고 그만큼 우리는 농사에서 멀어질 것이다. 그렇기 때문에 농업을 되살리려면 이제부터 소비자와의 균형을 잘 유지하는 것이 더욱 중요하다.

유럽의 시민들은 미국을 비롯한 세계 다른 지역의 소비자들과 다른 사고방식을 지니고 있다. 농업이 무엇인지, 또 어떻게 될 것인지에 관해 현실적인 생각을 가지고 있다. 농민의 파멸과 집약적 생산의 악순환의 고리를 끊고 싶다면, 소비자들과의 신뢰 관계를 회복할 방법을 찾아야 한다는 사실을 그들은 알고 있다. 이 신뢰 관계는 우선적으로 생산 방식의 실질적인 투명성이 보장되어야 가능하다. 그것은 구입하려는 고기가 어떤 방식으로 사육되었는지, 전염병의 위험에 취약하지 않은 건강한 혈통인지, 사육 농민의 노동 조건은 어떤지를 소비자에게 보여 주는 것이다. 농민과 소비자

사이에 교류가 확대되면, 생산 비용에 대한 정확한 정보를 교환할 수 있을 것이다. 게다가 소비자는 단지 생산지만을 표시한 상표가 아니라 좀 더 자세한 내용의 상품 분류표를 요구할 것이다. 소비자는 이 표를 통해 축산 농민의 수당과 세금을 포함한 최저 생산 가격을 알 수 있으며, 중간 상인이 현실적으로 어느 정도의 이윤을 남기는지까지 알게 된다. 사실 제조와 가공의 여러 공정을 거치면서 중간 이익이 많이 남게 되는데, 농민은 이러한 과정에서 잃어버린 가치에 책임이 없다.

광우병의 위기로부터 교훈을 끌어내는 일은 아직 끝나지 않았다. 동물성 분말 사료 금지 조치가 궁극적인 해결책은 아니다.

광우병 확산의 공포가 우리 곁에 도사리고 있다.

금세기 초, 광우병 문제로 많은 연구자들이 곤혹을 치렀던 유럽에서, 동물성 분말 사료 사용 금지 조치가 내려졌다. 피해 가축이나 건강한 가축을 해부해 보아도 감염의 원인에 관한 어떤 확실한 근거도 찾아낼 수 없었고, 인간에게 전염되지 않을 것이며 또 다른 경로로 감염이 확산되지 않으리라는 확신도 없었기 때문에 우선적으로 내려진 조치였다.

프리온prion[1]은 토양에 사는가? 척박해진 토양에서 프리

---

1. 단백질protein과 바이러스 입자인 비리온virion의 합성어로, 바이러스처럼 전염력을 가진 독성 단백질 입자라는 뜻의 광우병 유발 인자.

온은 쉽게 확산되는가? 전달 매체는 무엇이며, 언제 어디서 다시 나타날 것인가?

또 다른 의문은, 1980년까지 어떤 사건도 겉으로 드러나지 않았음에도 불구하고 동물성 분말 사료를 가열할 때, 섭씨 133도, 3바의 기압에서 20분 동안 가열하라는 처리 방식을 따랐던 이유는 무엇인가 하는 점이다. 예방 원칙을 따르지 않았기 때문에 감염이 확산된 것일까?

동물성 분말 사료는 그 자체로 모두 위험한가, 아니면 다른 사료와 섞거나 조리시에 문제가 생기는가? 가축 폐기물의 사용이 프리온 확산의 진짜 이유인가?

가축 폐기물로 만든 사료로 초식 동물을 키운다는 사실은 산업형 축산이 정도에서 벗어났다는 것을 나타냈다. 앙드레 랑가네|André Langaney[1]는 선험적으로 다음과 같이 이의를 제기했다. "반추 동물에게 육식 위주의 사료를 먹이는 것이 자연을 거스르는 일이라는 그 어떤 과학적 증명도 없습니다." 옳은 얘기다. 그러나 그의 관찰은 야생의 동물군에 관한 것이지 사육되는 가축들에 관한 것은 아니다.

1923년, 생체 역학을 고려하면서 식량의 중요성을 주장한 슈타이너|Rudolf Steiner[2]는 예언자적인 경고를 던졌다. "가축들에게 동물성 폐기물을 먹이는 일은 위험한 식인 풍습이

1. 제네바 대학 교수, 인류 박물관Musée de l'homme의 생물 인류학 연구소 소장.
2. 1861-1925. 인간과 세계의 사실을 본질적이고 종합적으로 파악하는 인지학을 수립 제창한, 오스트리아 태생의 철학자, 교육 사상가.

다. 어느 날 가축이 광기의 징후를 나타낼 것이다." 사람들은 이것을 보고 미쳤다고 생각할 것이다. 컴퓨터와 첨단 기술의 시대 이전에, 우리는 경험을 바탕으로 가축들의 행동을 관찰해 왔다. 오늘날 과연 어떤 연구자가 '만약 소가, 가금류 폐기물이 들어 있는 혼합 사료를 먹는다면, 같은 종의 가축 폐기물 사료를 먹는 것과 마찬가지 결과를 가져오는가?' 라는 문제에 간단하게 대답할 수 있을까?

그렇다면 무엇을 벌하는 것인가? 특수한 식인 풍습인가, 아니면 일반적인 육식 위주의 식사 습관인가?

토양에 프리온이 산다고 해도, 경작할 땅의 표면을 133도로 가열하지는 않을 것이다. 그것은 600도에서도 여전히 살아 있으므로 더욱더 그렇다.

프랑스 사람들은 식물성 단백질 재배를 포기했었다. 그렇다면 이제 그것을 다시 생산할 것인가 아니면 대량으로 수입할 것인가?

농민은 땅과 공기와 물과 동·식물을 존중해야 한다는 기본 가치를 지니고 있다. 그러나 이윤이나 시장 원칙이라는 미명 아래 이러한 가치들이 산산조각 났다. 그 가치들을 되찾는 것은 공공의 건강을 향해 첫걸음을 내딛는 것이 될 것이다.

*

2001년 오랜 가뭄과 뒤이은 대홍수 이후에, 농사에 닥친 위기와 재앙

을 극복하기 위하여, 30헥타르의 농장에서 농민들이 어떤 일을 했는지 자세히 살펴보는 것은 매우 흥미로울 것이다.

프랑수아 뒤푸르는 2001년 농민의 봄을 이야기한다.

언뜻 보기에 농업은 옛날에 비해 급격한 기후 변화에 더 많은 영향을 받고 있는 듯하다. 지구는 불안정한 상태이다. 우리는 과거에 겪었던 이와 유사한 재난으로부터 교훈을 얻을 수 있다.

척박한 토양이 비를 흡수하고, 다음 수확을 위해 그것을 저장하려면, 불행하게도 오늘날 경작지에서 사용하는 기술과는 다른 농사 방법의 도움을 받아야 한다. 치과 치료용 도구 같은 것으로 땅을 긁어 주고, 가을에 풀을 심고, 생나무 울타리를 다시 세워야 한다. 생나무 울타리는 그 자체로 여러 가지 기능을 한다. 동·식물을 보호하고 저수지의 안전을 지켜 준다. 비가 그치고, 해가 뜨고, 땅에 물이 빠지고 나면, 아직 경작하지 않은 농지의 손실을 최소화하기 위해서는 어떤 방법을 써야 하는가? 예를 들어, 유기 농업을 하는 곳에서 아직 씨를 뿌리지 않았다면, 밭작물 전체를 위해 해야 할 일은 우선 흙을 열어 통풍시키는 것이다. 반면에 한창 농사를 짓고 있는 중이었다면, 작물이 익자마자 바로 수확해야 하며, 다음으로 토양을 열어 숨을 쉴 수 있도록 해주어야 한다.

문제는 수년 동안 늘어난 관개 시설로 인해 농업 환경이 자연의 법칙에 어긋나 있으며, 이로 인해 땅은 제 의무를 다하지 못하고 무능력해졌다는 것이다. 토지에 관개 시설을 늘릴수록 더 많은 관개 시설이 필요하다. 더 이상 숨을 쉴 수 없는 콘크리트화된 땅이기 때문이다. 이러한 상황에서 벗어나기 위해서는 식물을 키우고, 뿌리를 통해 흙을 통풍시키고, 부식토를 다시 만들어 내는 생산 농업을 확립해야 한다.

홍수가 나기 전에 농장에서는 어떤 일을 해야 하는가?

가을에 쟁기나 써레로 미리 밭을 갈아주고, 이끼가 끼거나 식물 주변에 물이 고여 썩어 있는 곳을 치워야 한다. 잡풀들을 뿌리째 뽑아내고, 겨울이 오기 직전에 땅에 퇴비를 뿌려야 한다. 이 퇴비는 겨울 동안 발효되면서 한파에 식물들을 보호하고 지탱해 주며, 특히 11월에서 3월 사이에 천천히 분해되어 질소로 변하고, 식물들이 다시 자랄 수 있도록 도와준다. 뿐만 아니라 이렇게 하면 목초에 유기 물질이 풍부해지고, 땅이 얼어붙지 않아, 이듬해에 초지는 더욱 무성해진다. 이것은 매우 중요한 일이다.

봄이 되면, 초지를 재생시키고 다시 생기를 불어넣기 위해서, 쟁기로 흙을 뒤집고, 그 다음 써레질을 해서 흙 둔덕을 평평하게 고르고, 겨울 내내 흙 속에 모여 있던 유충들을 없앤다. 그러고 나서 나머지 일은 자연에 맡긴다. 용존 산소량이 부족한 토양에서 사는 식물을 재생시키기 위해 화학의 도움을 받을 필요는 없다. 지금까지 적절한 농기구를 이용해 어떻게 땅을 일구고 작물을 키워야 하는지에 대해서 말했다.

봄에 홍수가 지나간 후에 어떤 작물을 심었는가?

3월이 되면, 만반의 준비를 하고, 통풍이 잘 되는 땅에 귀리, 밀, 완두콩 같은 봄 작물을 심었다. 2월에서 4월 사이에 오래된 초지에 농기계를 움직였다. 겨울 동안 무성했던 이끼를 써레로 거두어내면, 식물은 다시 숨을 쉬기 시작한다. 그러고 나서 땅에 올리고-엘리먼트[1]를 뿌리는데, 그것은 식물에 수액을 늘려줌으로써 3월에 식물을 보다 생기 있게 한다. 내가 보기에 이것은 매우 적절한 기술인 것 같다. 우리는 초여름에 무를 심거나 가을에 가축 사료용 배추나 콜자 등 사료 작물을 파종할 때도 이러한 방법을 따를 수 있다. 몇 주간 비가 내려 토양에 산소가 부족하다면, 농기구로 흙을 파 엎어 땅을 따뜻하게 만들어줌으로써, 그것에 "생명에 대한 애정"을 되돌려준다.

흙에서 이루어지는 모든 노동은, 농업이 어떻게 다시 생명의 순환을 존중할 수 있는지를 보여 준다.

---

1. 망간, 아연, 불소 등의 성장에 필요한 미량 원소

11. 잘못된 먹을거리와
운 좋게 얻은 품질 보증 라벨

프랑수아 뒤푸르는 자신의 농장을 유기 농업에 적합하게 전환했다. 그
렇다고 해서 그는 유기농을 새로운 모델이나 신비의 만병통치약이라고
생각하지는 않았다. 그가 보기에 이것은 다양한 농업의 길 가운데 하나
였다.

어쨌든 유럽에서 유기농은 아직까지 주변적인 것이다. 프랑스에서 유
기농은 프랑스 농업 생산의 0.5%만을 차지한다. 반면에 독일, 스위스,
스칸디나비아 국가들은 5-7% 정도이다. 프랑스 농장의 1% 정도만이
유기농으로 전환했다. 반면에 독일의 농림부 장관은 농장의 20%까지
유기농을 늘리려는 계획을 가지고 있다. 따라서 유기농 분야에서 유럽
국가들 중 마지막에 서 있는 프랑스는 자국에서 소비하는 유기 농산물
양의 70%를 수입에 의존한다. 그렇다면 현재 추진하고 있는 유기농
산업을 장려해야 하는가, 아니면 이미 시대에 뒤진 것이라고 포기해야
하는가?

오늘날 유기농은 농업 발전의 새로운 방향과 선택 요소들 가운데 하나이다. 유기농이란 용어는 매우 철저하고 엄격한 기준의 품질 보증서가 있는 농산물을 의미한다. 이것은 또한 자신에게 알맞은 식생활 방식을 찾고, 기술 정보나 이력 추적 시스템의 결과물을 소비하고자 하는 사회의 상징이기도 하다. 도시인들은 생산자가 누구인지, 여자인지 남자인지, 생산 방식은 어떤 것인지 등등 품질 라벨 이면의 내용을 질문하며 유기 농산물을 소비한다. 결국 그들은 질 좋고, 맛 좋고, 안전한 농산물을 찾는다.

우리는 원산지 표시 규정, 생산지 확인 증명(국가나 산지産地), 그 외의 여러 가지 품질 인증 등을 통해 농민 농업을 투명하게 할 수 있다. 그런데 소위 "유기농"이 농업을 이중 구조로 만드는 구실이 되어서는 안 된다. 이중 구조의 생산을 허용한다면 소비자를 부자와 빈민이라는 두 가지 유형으로 구분하는 자유주의 논리를 지지하는 결과를 가져올 것이다. 부유한 소비자는 양질의 생태적 지위를 가지며, 가난한 자들은 남은 것을 먹게 되는 결과를 허용할 수 없다. 모든 소비자들은 양질의 것을 소비할 권리가 있다.

유기농 제품은 특권자들의 양식으로 분류되고, 엘리트의 소유물로 간주된다.

양질의 생산물이 부자의 전유물이기 때문에 유기농을 비난하는 것이 아니라, 사회가 요구하는 모든 요소를 고려하지 않았던 생산주의의 모델에 책임을 묻는 것이다. 사회가 요구하는 양질의 농산물 생산 장려 정책 — 유기 농산물 — 이 추진되어야 하며, 인간을 생각하지 않는 유기농이나 농민 농업, 즉 땅과 환경을 생각하지 않는 농업은 재앙과도 같다는 것을 명심해야 한다. 그리고 농민은 최선을 다해 농업의 가치를 되찾아야 한다. 모두 힘을 다해 농업을 다시 세우지 않는다면, 그곳에는 유기농도 농민 농업도 없다.

독일 정부가 농장의 20%를 유기농으로 전환하겠다고 공식적으로 선언한 것은 무리였으며, 단지 1% 정도만이 유기농 품질 보증을 얻을 수 있을 것이다. 독일의 녹색당은 원자력 에너지 반대 이후에,[1] 완전 유기 농법을 적극적으로 추진했지만, 현재 자신이 판 함정에 스스로 빠져 있는 상태이다. 독일 동부의 유기 농산품 가게에는, 싼 값의 산업 유기농 제품들로 가득 채워져 있다. 그것은 사람의 손으로 만들지 않은 유기 농산품이다. 프랑스 역시 유기농을 종교로 바꾸어 버리는 잘못을 저지르지 않기를 바란다. 우리는 유기농을 사회의 요구에 부합하는 새로운 농업 다각화의 중심에 놓아야 할 것이다.

유기농을 실행하는 데에는 한계가 있다. 화학 비료나 살충제를 사용하지 않는다는 이유만으로 유기농을 환경을 존중하는 농법이라고 단정

---

1. 2000년 6월 15일 슈뢰더 독일 총리는, 독일 정부(집권 사민당–녹색당 연립 정부)와 에너지 업계는 향후 20년간에 걸쳐 국내 원전 전부를 단계적으로 폐쇄하기로 합의했다고 발표했다.

짓는 경향이 있다. 그러나 유기농의 생태학적 기준은 해충과 싸우기에
는 불리한 조건이다. 구리를 살균제로 이용하는 것은 2008년에 금지
될 것이며, 미네랄 비료를 사용하는 유기농 종자는 병에 더 약하고, 유
기농 포도 재배도 포도 황화병에 대해서는 속수무책이다. 또한 낙농업
에서 항생제를 사용하지 않고 어떻게 젖소들의 유선염을 치료할 것인
가?

　　다른 모든 분야와 마찬가지로 농민과 도시인 전체에 행
복을 가져다주지 못한다면, 유기농도 인정받을 수 없을 것이
다. 구리가 건강에 치명적이라면 지금 당장 그것의 사용을
금지시켜야 한다. 그러나 동시에 국가가 공적인 연구를 추진
함으로써 유기농 ― 또는 최첨단 발전 과정에 있는 생체 역
학 농업 ― 을 하는 농민들의 근본적인 문제를 해결하는 데
도움을 주어야 할 것이다. 현행 유기농에서 수의사의 처방을
조건으로 소에게 1년에 두 번 항생제를 사용할 수 있다. 그렇
지만 우리는 보수주의 역시 경계해야 한다. 집약 농업이 발
전했던 지난 30년 동안 약물을 남용해 왔던 농민에게 새로운
기술의 약물 치료를 완전히 중단하고 금지하라는 것은 아니
다.
　　양식을 가진 농부라고 해도 한순간에 모든 것을 거부할
수는 없을 것이다. "영광의 시절"보다 철저히 관리되고 보다
제한적이기는 하지만, 계속해서 화학제품을 사용할 것이다.
우리는 화학제품을 쓰지 않고 사과 나무를 키우고 과수원을
경영하기 위해서는 땅을 쉬게 해야 한다는 사실을 종종 잊는

다. 땅을 쉬게 하여 균형을 되찾아 준다면 나무는 더 잘 자랄 것이다.

결국 유기농은 농민이 마지막까지 소비자의 입장에서 농산물을 관리하는 경우에만 미래를 보장 받을 수 있다. 그렇지 않으면 유기농은 다시 산업농으로 변질될 것이다. 만약 농민들이 저가의 원재료를 생산하는 일에만 전념한다면, 농식품 기업은 농민에게 돌아가야 할 부가가치를 차지하고 이익을 가로채기 위해 가공 기술의 개발뿐만 아니라 그 어떤 짓이라도 할 것이다. 반대로 농민 스스로 가공 생산을 통해 부가가치를 창조할 수 있다면, 그리고 생산비를 투명하게 보여 주고 자신의 노동에 대한 최저 비용을 요구한다면, 농식품 기업은 상류(생산지)와 마찬가지로 하류(소비, 유통)에서도 그렇게 제멋대로 할 수는 없을 것이다. 이런 조건이 전제될 때 유기농은 지속될 것이다.

소비자를 위해 솔직한 가격표를 붙인다면, 소비자들은 가공과 유통 과정에서 얼마의 이익이 남는지를 잘 알 수 있을 것이다. 그러나 그 이익의 수혜자들은 생산 비용, 특히 유기농 생산 비용에 대한 투명한 자료 공개를 거부한다. 유기농 생산자에게 지불되는 가격은 표준 생산 가격보다 25% 정도 비싸다. 그러나 농산물이 소비자의 식탁에 올라올 때는 때로 생산비의 100-300%까지 비싸진다. 우유 1리터를 예로 들어보자. 일반 농장의 수매 가격이 2.25프랑인 반면에, 유기농 농장에서 우유를 처음 수매할 때 가격은 2.50프랑이다. 그러나 그 농민이 자신의 우유를 상점에서 다시 산다면, 25상팀이 아니라 4-10프랑이 증가했음을 알게 될 것이다. 이것은 중간 상인이 여러 단계를 거치는 동안 유기농 이미지와 농민 노동을 이용해 가격을 지나치게 높여 놓았기 때문이다. 상품의 질 자체에 대한 보상이라기보다는 가공과 유통 과정에 과분한 대가를 치르는 것이다. 결과적으로 사람들은 유기농 생산물이 사치스럽다는 인상을 가지게 된다.

화학 비료를 사용하지는 않지만, 생산자도 모른 채 오염된 종자를 사용하는 경우에도 유기농 라벨을 붙일 수 있기 때문에 레드 라벨이나 AB 로고가 원재료까지 보증하지는 못한다.

품질 보증서에는 화학 처리되지 않은 종자라는 것을 표기하고 있다. 현재 유기농에서는, 일부 옥수수처럼 항생 물질 처리된 유전자 변형 농산물을 사용할 수 없으며, 사용한다면 그것은 사기 행위이다. 유기농 생산자들도 유전자 변형 종자를 절대 사용하지 않았다는 것을 증명하고, 소비자들에게 이력 추적 시스템을 보증해 주기 위하여 세심한 주의를 기울여야 한다. 유기농을 포기하고 유전자 변형 농산물을 이용한다면, 농장을 감독하는 인증 기관의 품질 보증서를 포기해야 한다. 이 문제를 좀 더 생각해 보면, 부자들의 식사와 가난한 자들의 식사가 따로 있을 수 없으며, 가정이나 사회의 재정 상태가 어떻든 건강과 기본 원칙을 지키는 일에 인색해서는 안 된다는 것을 알 수 있다. 농업은 충분한 양과 질을 가지고 사람들을 먹여 살려야 한다. 이러한 책임을 다하려면, 다른 농산물과 마찬가지로 유기농 생산물도 재정적인 지원을 받아야 한다. 즉, 생산주의 농업에 대한 지원을 전적으로 양질의 생산을 위한 지원으로 바꿔야 한다는 것이다. 유기농이 확장된다면, 대규모 경작 지역이나 생산주의 농업 지역이 사라질 것이다. 동시에 자신의 토양과 시장의 요구에 적합한 농업을 하는 농민을 지원하기 위해, 그리고 보조금의 재분배로 농민의 노동에 합당한 보수를 주기 위해 공적 지원금을 다시 정비해야 한다.

현재 유기 농업에 대한 보조금은 거의 없다. 3년에 걸쳐 유기농으로 전환하는 농가에 대한 정부의 지원이 있었다. 정부는 유기농에 적응하려고 노력하는 농가에 도급 계약금을 제공했으며, 때로 이것이 생산량을 감소시켰다. 이러한 지원금은 불리한 조건을 상쇄한다. 이어서 이것은 시장에서 생산가격이 된다. 그러나 전반적으로 유럽의 지원은 양질의 농산물을 생산하는 데 할당되지는 않으며, 공동농업정책이 원료 생산 농업에 특혜를 주고 있다는 것은 잘 알려져 있다.

"유기농 제품"이 대규모 매장의 많은 진열대 자리를 차지하고 있다. 유행에 편승하여 환경에 일조한다는 것을 보여 주기 위해서이다. 영세 채소 농가에서 재배해 재래시장에서 파는 유기농 채소들 가운데, "완전 유기농"이라고 쓰인 자연산 포도주, 신선한 계란, 치즈, 그리고 AB 라벨 없이 "유기농 제품"이라고 써 붙인 농산물이 널려 있다. 결국 우리는 유기농인지 아닌지 구분할 수조차 없다.

　이동식 상품 진열대에서도 "유기농 제품"은 유행이다. 이제 이것은 허위 광고를 하는 데 꼭 필요한 말이 되었다. "AB(유기 농산물)" 인증을 받지 못한 상품은 시장에서 팔려서는 안 된다. 진짜 유기농일까 하는 의심 때문에, 유기농을 하는 농부는 일 년에 서너 번 원료의 견본을 채취하여 검사·평가하는 인증 기관과 계약까지 해야 한다. 이러한 과정을 거친 제품은 생산 과정이 엄격히 관리되었음을 보증하고, 안정성을 공식적으로 인정해 주는 라벨을 달고 판매된다. 예를 들어, 낙농업에서는 이틀에 한 번씩 검사용 표본 우유를 채취하여, 우유를 오염시킬 수 있는 모든 경로를 추적하는 연구소에 제공한다. 언뜻 보기에 모든 것이 잘 관리되는 것 같다.

　미국에는 바이오 라벨과 바이오 생산 라벨이 있다. 이것 역시 상품 품질에 대한 확실한 보증서이다. 각국은 저마다 특별한 품질 보증서를 갖고 있다. 생산자는 지방 시장에 식료품을 공급하면서 노동에 대한 대가를 받는다. 유럽에는 각국마다 품질 보증서가 있다. 우리는 전 유럽에서 통용되는 품질 보증서를 구상하지만, 그보다는 프랑스만의 품질 보증서가 더 많은 것을 보증할 수 있다. 만일 우리가 유기 농산물 경작과 판매에서 일관성과 지속성을 지니려면, 유럽 전체가 가축 사료의 제품 혼합 비율을 같은 수준으로 유지해야 할 것이다. 유기농 생산자는 가축을 먹이기 위해 최소의 수입 사료를 살 권리가 있으나, 이러한 구매는 법적 테두리 내에서 잘 관리되어야 한다. 이런 점에서 보면 유럽은 아직 가야 할 길이 먼 듯하다.

유기농을 하려면, 농작물의 수확량을 일정하게 유지하거나 표준화할 수는 없더라도 토양의 성질에 따라 작물의 수확량을 조정해야 한다. 이웃 경작지에서는 60퀸틀을 생산하는 데 반해, 자신의 땅에서는 헥타르당 40퀸틀을 생산한다고 가정해 보자. 작물에 적합한 토양과 사람의 손과 퇴비 같은 천연 비료의 도움으로 더 나은 조건에서 농작물을 생산하는 최고의 경작지에서는, 40퀸틀을 초과하여 생산하고 싶은 유혹을 이겨내야 한다. 소비자들이 생산 과정을 확인할 수 있게 하고, 제대로 된 맛을 잃지 않으려면 유기농뿐만 아니라 다른 어떤 분야의 농업에서도 자연을 파괴해서는 안 된다. 그러므로 유기농은 땅, 자연, 국지 기후, 그리고 알맞은 파종 등과의 관계를 잘 유지할 때만 의미가 있는 것이다. 그러나 불행하게도 현재의 산업 시스템 속에서 유기농으로 전환한 사람들은 소비자들이 기대하는 진정한 가치를 충족시키기 어려울 것이다.

극단적인 경우로, 유전자 변형 작물을 심어도 유기농 라벨을 얻을 수 있는가?

이러한 일을 막기 위한 싸움에 앞장서지 않는다면, 우리는 곧 세계 곳곳에서 유전자 변형 작물을 이용한 유기 농업이 이루어지는 것을 보게 될 것이다. 종자를 유전학적으로 변형시켰던 기업은 "유기농" 라벨을 원하는 농민들 주변에서 그들을 유혹했다. "농민 여러분들께 농작물 피해를 입지 않는 안전한 무공해 종자를 공급할 것입니다. 여러분이 마음 놓고 사용할 수 있도록 준비하겠습니다." 농민과 땅 사이에는 다양한 농사법이 있다. 우리는 모든 방법을 동원하여 유기농과 농촌 지역을 차지하려는 약탈자들에 맞서고 있다. 자신의 근원이나 뿌리와 단절하지 않고, 농업의 진정한 책임이 무엇인지 알려는 노력은 농민의 당연한 의무이다.

유기농으로 전환하는 일이 쉽지는 않다. 만약 한 농민이 단지 라벨을 얻기 위해서가 아니라 질적인 발전을 이루고자 유기농으로 진환하려고 해도 그것은 천천히 진행되어야 할 것이다. 우리가 경제 지표와 관련된 농식품 산업이나 소비재 산업에서 일한다면, 그것에 역행하는 것은 좋지 않다. 방향을 전환할 준비가 되어 있지 않다면, 살면서 아무리 여러 번 직업을 바꿀 수 있는 기회를 잡는다 하더라도 성공할 가능성은 아주 낮다. 그러나 우리는 산업형 생산주의 농업을 더 자연적이고 생산적이기도 한 농업 방식으로 전환할 수 있다.

무지와 편견과 거짓이 가득한 저질 먹을거리를 보자. 계란 판매대 앞에서 소비자는 혼란스럽다. 풀어놓고 기른 닭이 낳은 계란, 오늘 낳은 계란, 격자 창살 위에서 금방 낳은 신선한 계란 사이에서 무엇을 고를까? 왜 망설이고, 어떤 속임수가 있을까? 산업형 생산을 규탄하는 프랑수아 뒤푸르가 소비자를 인도한다.

"염가의" 계란은 밀폐된 장소에서 자란 산업형 가금류와 비슷하다. 우선 진짜와 가짜를 가려내야 한다. 예를 들어, "닭장의 격자판 위에 낳은 계란은 짚 위에 낳은 계란보다 깨끗하기 때문에 질적으로 낫다"는 것은 터무니 없는 이야기이다. 언젠가 렌느의 한 대학이 주최한 세미나에 초대되어 토론에 참석한 적이 있다. 거기에 샹젤리제에서 일하는 유명한 요리사도 있었다. 400여 명의 젊은이들 앞에서 나는 밀폐된 닭장에서 배터리식 사육법으로 사육된 닭이 낳은 계란이 얼마나 약한지에 대해 말했다. 농업경영자조합 전국연합 회원 중의 한 사람이 나에게 "짚 위에 낳은 계란보다는 닭장의 격자판 위에 낳은 계란이 더 좋아요"라고 말했다. 젊은이들은 나대신 그에게 말했다. "그런데 계란을 먹을 때 껍질을 먹지는 않잖아요." 중간에 끼어들었던 사람은 괜히 말했다는 표정이었다. 이어서 그 유명한 요리사는 "저, 당신이 완전히 틀린 것 같군요. 게다가 농민인 당신이 정말 격자판 위에 낳은 계란의 질이 더 좋다고 생각하십니까? 가금류 사육의 우선 조건은 양질의 계란을 생산하는 것이죠"라고 거들었다. 이러한 주장에도 불구하고 청중들은 수군댔다. "그래, 하지만 어쨌든 짚보다는 격자판 닭장에서 낳은 알이 깨끗하잖아요."

무엇보다도 충분한 영양소가 들어 있는 사료가 양질의 계란을 만들어 낸다. 그리고 맑은 공기를 마시고 자연 상태에서 풀어놓은 닭이 질 좋은 계란을 낳는다. 그러한 조건에서 닭은 살이 단단해지고, 질적으로 풍부해진다. 말하자면, 계란의 영양 성분은 계란이 수정되는 첫날부터 만들어지는 것이다.

또 다른 잘못된 주장은 저온 살균되지 않은 것은 위험하다는 것이다. 식품규격위원회에서는 "저온 살균 처리하여 박테리아를 제거한 치즈가 덜 위험하다"고 한다. 그렇지만 생우유로 만들어 낸 치즈를 그것과 비교할 수 없다. 생우유는 잘못된 예방 원칙이 적용된 본보기이다. "식품을 화학 처리하지 않으면 먹을 수 없다"는 말을 그대로 믿을 것이 아니라 자연으로 시선을 돌려야 한다. 사실은 그와 반대이기 때문이다. 화학 처리를 하지 않은 자연 식품이 약하지 않고 더 안정적이다. 냉장고가 없었던 시절에는 고기를 그저 식품 저장실에 보관하곤 했다. 예전에는 돼지를 집약적이지 않은 방법으로 자연에서 얻을 수 있는 먹이를 먹이며 천천히 길렀다. 이렇게 사육한 돼지의 기름기 없는 살코기나 비계는 그저 소금만 뿌려 저장해도 오랜 시간 보관할 수 있었다. 그러나 오늘날 산업형 축산으로 생산된 돼지로 베이컨을 만들 경우, 아무리 그것을 소금에 담가 저장한다 해도 고기는 곧 상하고 말라서 식중독을 일으키기 쉽게 변질된다.

만일 만들기 쉽고 맛이 좋은 생우유 치즈가 오랜 기간 잘 보존된다면, 그것은 엄격한 품질 보증서 덕분이다.

자연이 성실하게 제 몫을 다하는 것이 균형을 되찾는 일이라고 믿으면서, 자연의 본질을 회복시켜야 한다. 그리고 기계에서 해방되듯 땅에서 해방되어야 한다고 생각해서는 안 된다.

우리는 여기에서 도시인의 삶의 방식과 행동 양식의 변화에 관해 언급하고 싶다. 동시에 세계화 속에서 극단적인 경쟁을 이끄는 시스템과 독점에 대해 이야기하고 싶다. 세계 무역기구 내의 식품규격위원회는 세계보건기구와 유엔 식량 농업기구에 의해서 관리되는 결정 기관이다. 이 식품규격위 원회는 2-3년 전에 위험하다는 이유로 생우유를 원료로 한 제품 생산을 금지하려 했다. 이러한 "검역 시행"은 손을 통한 식품 오염으로부터 소비자를 보호하려는 스칸디나비아 국가 들이나 미국의 극단적인 예방 원칙의 일부이다.

이제부터 저질 먹을거리보다는 양질의 먹을거리에 대해 말하는 것이 나을 것이다. 먹는 즐거움을 되찾아 하나의 권리나 자유로서 맛에 대한 훈련을 해야 한다.

어쨌든 "여러분이 매일 먹는 초콜릿 제품이나 비엔나풍 과자에는 지방과 합성 감미료가 너무 많이 들어 있어요"라는 식으로 부정적인 이야기를 계속하기보다는 젊은이들의 입에 좋은 영양소를 넣어 주어 맛보게 해야 한다. 건강에 좋은 빵, 저칼로리의 단백한 피자, 농가에서 만든 치즈와 낙농 제품을 찾기는 어렵지 않을 것이다. 2000년에 "저질 먹을거리"에 관한 이야기가 인구에 회자되면서 가족들 간의 논쟁이 시작되었고, 도시 사회에 심리적 충격을 주었다. 사람들이 점점 더 많은 문제점을 제기하면서, 양질의 먹을거리의 미래를 확신할 수 있게 되었다. 대체로 건강에 좋은 것이 맛도 좋다. 건강에 좋은 것을 잘 먹으면 먹을거리의 위험을 감소시킬 수 있을 것이다.

생산 공정을 최대한 합리화하더라도 처음부터 끝까지 동결 건조 상태에 있어야 하는 제품은 상하기 쉽다. 결국 취약한 생산 시스템에서 생산된 상하기 쉬운 식료품을 전 세계로 유통시키는 것이다. 산업형 축산 방식으로 생산된 가금류는 고기가 푸르게 변하는 것을 막기 위해 도살장에서 나오자마자 냉동시킨다. 그것은 도살 과정을 포함하여 고기를 가장 신선하게 보이도록 해야 하기 때문이다. 같은 크기와 모양으로 잘 맞추어 담아 놓은 토마토처럼 선별된 농산물들은 실온에서 오랫동안 보관할 수 없고, 작은 충격에도 쉽게 상하며, 보존력이 떨어진다. 다음날 먹으려고 남겨둔 음식은 금방 상해 버린다. 식품을 냉장고에 넣는 것을 잠시라도 잊어버리거나 냉장고의 온도를 낮게 유지하지 않으면, 소위 안전하다고 하는, 하지만 곧 유해한 것으로 변할 수 있는 식품에 의해 식중독에 걸릴 위험이 있다.

"방금" 개봉한, "방금" 해동한 유통 기한이 제한된 신선 포장 식품에는 큰 문제점이 있다. 사람들은 식품의 생산 방식에 따라 보관 기간이 다양하다는 것을 모른다. "식품이 신선한가"보다는 "식품이 살아 있는가, 죽어 있는가?" 하는 문제가 더 중요하다. 프랑수아 뒤푸르는 이것에 관한 사례를 이야기한다.

언젠가 냉장고가 고장 났을 때, 나는 구운 돼지고기와 닭고기 조각을 거의 일주일 정도 보관한 적이 있는데, 고기는 상하지 않았고 맛도 괜찮았다. 물론 그것은 부위별로 나눠

랩으로 포장해 판매되는 고기가 아니었다.

나는 도시에 사는 어떤 사람에게 수공업 생산품의 보존 기간에 관한 이 이야기를 들려주었다. 그러자 그는 자신의 경험을 얘기했다. "저는 대형 마트에서 공장에서 가공한 닭을 샀어요. 집에 가져오자마자 냉동된 닭을 해동시켰죠. 하루 정도 지나 그것을 요리했는데, 오븐에서 이상한 냄새가 나더라고요. 상했던 거죠." 그는 화가 나서 고기를 샀던 마트로 갔는데, 거기에서 이런 답을 들었다고 했다. "이런 종류의 닭고기는 해동시킨 후 바로 조리를 해야 합니다."

최근 한 의료 센터의 암 연구 결과에 따르면, 일반적으로 산업적으로 생산된 제품보다는 유기농 제품의 안전성이 뛰어나다고 했다. 또한 유기농 제품이 가공된 제품보다 보존력이 떨어진다는 주장은 거짓이라고 반박했다.

산업형 축산을 통해 생산된 제품은 농가에서 손으로 생산한 제품만큼 오래 저장할 수 없다. 그것은 햇빛을 받으며 비타민을 합성하지 못했기 때문에, 영양이 부족하고 근육이 발달하지 않았다. 질이 떨어지는 이러한 고기는 사람들이 바로 먹지 않을 경우 시한폭탄과 같다. 반대로 제대로 된 사료를 먹고 자란 닭은 일주일 정도는 먹을 수 있다. 매일 조금씩 먹어도 고기는 변질되지 않는다. 과거에 모든 농가에서는 소금 뿌린 돼지고기를 식품 저장실에 보관했고, 그 고기를 대여섯 달 정도 두고 먹었다. 한여름에 아주 더울 때나 소금이 떨어졌을 때도 마찬가지였다. 저장한 고기를 먹었지만, 아무도 병에 걸리지 않았다.

상한 고기… 시애틀에 있는 워싱턴 대학의 기생충학 전문의의 연구 논
문에 따르면, 모차르트는 돼지고기를 먹고 "선모충"에 감염되었을지도
모른다는 결론을 내렸다(이 의사는 조제 보베가 반세계화 포럼에서 언
급한 "저질 먹을거리"에 민감한 반응을 보였던 시애틀에 살았다). 그로
부터 2세기가 지난 후에 배터리식 축산, 위생 관리, 냉동 장치로 말미
암아 육식을 즐기는 도시인들은 식탁에 놓인 갈비 요리를 보면서 의심
하듯 매우 주의를 기울인다. 오늘날 냉동과 저온 살균 처리는 제한된
기간만을 보증한다. 또한 보존을 위해 채소에 방사선을 쏘이기도 하는
데, 보다 신중해야 한다. 적당한 크기로 잘라 플라스틱 용기에 포장해
판매되는 샐러드는 소위 "이온화" 처리된 것이다. 사실 그것들은 레이
저를 통과한 것이다. 그런데 농식품 산업에서 상업 용어로 쓰이는 "이
온화"라는 단어는 "방사선 처리법"이라는 말보다는 덜 자극적으로 들
린다.

　　소비자들은 과일을 물에 씻듯이 샐러드용 채소도 헹구어
야 한다는 것을 충분히 인식하지 못하고 있다. 대충이라도
닦거나 헹구어야 한다. 그렇더라도 채소에 달라붙어 있는 화
학 잔류물 전부를 말끔히 씻어내지는 못한다. 가금류처럼 이
온화 처리된 채소도 매우 짧은 기간 내에 소비해야 한다. 생
명체는 매우 빨리 부패한다.

소비자들에게 반드시 위험이 닥칠 것이라고 경고해야 한다. 중독의 위
험도 심각하지만 맛을 보존하는 일도 중요하다. 위험하지 않더라도 신
선하지 않은 제품을 먹을 수는 없다. 매일 먹는 빵을 생각해 보자. 아침

에 산 말랑말랑한 바게트 빵이 저녁이면 나무처럼 딱딱하게 굳는다. 가
장 맛있게 먹으려면 사서 두 시간 안에 먹어야 한다.

유기농 밀가루로 만든 빵은 너무 덥거나 찬 곳에 두지 않
는다면 12일 정도 보관하며 먹을 수 있다. 소비자들은 보관
용 음식과 일회용 음식을 구분할 줄 알아야 한다. 냉장고나
냉동고가 안전하지만은 않으며, 그곳에 보관했다고 완전히
안심하고 먹을 수는 없다.

또 다른 문제가 은폐되어 있는데, 바로 먹을거리, 특히 아기들의 이유
식에 들어 있는 유전자 변형 농산물의 문제이다. 유전자 변형 농산물로
부터 완전히 자유롭다고 어떻게 확신할 수 있는가?

화학 산업과 연관되어 있는 농식품 산업은 생산 과정을
절대 투명하게 공개하지 않는다. 공업 소유권, 또는 위생상의
이유로, 외부인들은 이러한 공장에 들어가 생산 과정을 제대
로 살펴볼 수 없다. 기업의 경영진들만이 그들이 어떻게 일
하는지 알고 있다. 소비자는 끊임없이 기업에 대해 투명성과
정보를 요구해야 한다. 유전자 주입 방법을 쓰는 기업이 그
내용을 상품 라벨에 표시하여 알려줄 리가 없다.

언제나 애매모호하게 적당히 넘어가는 것이 문제다. 가
장 좋은 방법은 가공업자나 유통업자들에게 단 1%의 관용도
허용하지 않는 것이다. 이러한 엄격한 기준을 적용하는 순간
부터 구매자는 원료 제조업자, 즉 농민과 단체나 조합에서

일하는 사람들에게 절대로 유전자 변형 농산물을 사용하지 말 것을 요구할 것이다. 그러기 위해서 책임을 지고 행동해야 하는 사람들, 단체에서 활동하는 부모들, 그리고 구나 면의 책임자들에게 '유전자 변형 농산물 제로'에 이르도록 식단의 완벽한 이력 추적 시스템을 강력하게 요구해야 한다. 어떤 제품을 완전히 없애 버리는 최선의 방법은 그것을 철저히 보이콧하는 것이다. 시장에서 자리를 빼앗긴다면, 그것을 팔지 못할 것이다. 그리고 일하는 여성들에게 더 이상 시판용 이유식을 이용하지 말라고 말해 주자! 문제 해결을 위해, 집에 있는 전자 조리기로 간단히 만들 수 있는 음식이 많다는 것을 알아 두어야 할 것이다.

식품에서 다이옥신처럼 공포에 떨게 하는 유독 물질의 흔적을 추적할 수 있는가?

그것을 탐지하기 위해 우유를 분석해 보자. 그 결과 다이옥신이 검출되었다면, 젖소가 다이옥신을 흡수했다는 것을 의미한다. 소는 우유를 만들기 전에 몸속 기관에 이미 다이옥신을 가지고 있었던 것이다. 그렇다면 어떻게 풀밭에 다이옥신이 퍼져 있었는가? 원칙을 준수하지 않는 비양심적인 공장들 때문에 대기 중에 다이옥신이나 세균의 오염이 심각해진 것이다. 도지사는 경제적인 면에서 전체의 이익을 중요시해야 하겠지만, 전 관할 지역에서 원칙이 제대로 지켜지는지 감시하고, 불법 행위를 저지르는 사람들을 막기 위해 필요한 처벌을 해야 한다.

식품 첨가물에 대해서는 여전히 사정에 어둡고, 그것이 초래할 위험에 대한 지속적인 연구가 없다.

식품에 점점 더 많은 첨가물이 사용되고 있는데, 최근에야 식품 첨가물 사용을 금지할 수 있는 법이 있다는 것을 알았다. 첨가물에는 인공 색소나 항생제 같은 다양한 종류가 있다. 시장에 나와 있는 모든 첨가물은 허가서를 받아야 하며, 적용 기준은 유럽이나 전 세계적으로 각기 다르다. 식품 규격위원회는 보통 세계보건기구의 기준에 따라 식품의 질을 분류한다. 이 식품규격위원회는 모든 나라가 서로 비슷한 기준에 따라 첨가물 비사용 원칙을 지키게 하려 했다. 문제는 이 식품규격위원회가 다국적 기업에서 온 전문가들에 의해 관리된다는 점이다. 특히 다국적 종자 기업은 화학제품의 소비가 감소하지 않도록 생산 유형을 변화시키는 데 강한 영향을 미쳤는데, 이런 혼탁한 상황은 개혁되어야 한다.

첨가물 사용을 완전히 금지시키는 것은 현실적으로 불가능한 일이지만, 경우에 따라서 일부 첨가물을 제한할 수 있다. 인공 색소나 보존제를 사용하지 않을 수 있다는 것을 아는 것만으로도 상황을 개선할 수 있다. 소비자는 첨가물이 들어 있지 않은 제품을 선택해야 한다. 이러한 첨가물의 사용을 매우 엄격히 규제할 수 있는 법률을 제정하는 것은 식품규격위원회나 세계보건기구의 소관이다.

동물성 지방이 든 단맛이 나는 식품을 입에 달고 사는 젊은이들은 비만에 노출되어 있다. 그들의 입맛은 단맛의 빵이나 과자류에 익숙해져 있지만, 우리는 그 함유 성분을 제대로 알지 못한다.

옛날에 우리는 가족이 모인 방에서 식탁에 둘러앉아 전채 요리, 주 요리, 후식 순서의 균형 잡힌 "메뉴"의 식사를 했다. 농업 다각화가 다시 추진된다면, 우리는 예전처럼 손님을 초대해서 함께 식사를 할 수 있을 것이다. 그러나 요즘처럼 도처에 패스트푸드가 널려 있는 시대에 살고 있는 사람들은 내용에 상관없이 설탕과 지방이 넘치는 음식들을 먹어치우는데, 그것은 건강에 문제를 일으킬 것이다. 패스트푸드는 식사의 대용품이자, 식욕 억제제이다. 기업들은 여기에 엄청난 광고비를 쏟아 붓는다. 하지만 우리는 광고를 보고 오히려 균형 있는 식사가 무엇인지를 알게 된다. 농산물을 이용한 패스트푸드 산업은 잃었던 위치를 되찾기 시작했다. 그날그날 만들어진 샌드위치가 비닐 포장된 비엔나 빵과 경쟁한다.

특정 제품이나 항생제, 또는 유전자 변형 농산물을 더 이상 악마처럼 취급하지 않으려는 새로운 경향이 있다. 심지어 질산염을 악마로 만들지 말아야 한다고 말하기까지 한다.

한 수의사가 농민연맹을 향해 말했다. "우리가 물 속의 질산염이 건강에 위험하지 않다고 말한 전문가 그룹입니다. 질산염 그 자체는 유익합니다. 살면서 늘 질산염이 들어 있는 물을 마신 사람들의 건강에 별로 문제가 생기지 않았습니다."복용량이 문제가 아닐까? 이러한 왜곡된 정보를 바탕으로 원자력위원회CEA는 사람들을 안심시키고자 방사선의 위험에 관한 공식 성명을 발표했다. "자연 방사선이 지속적으로 인체를 통과하는 것은 치명적이지 않습니다."

경제적 공포만큼 이제 먹을거리의 공포에 관한 이야기도 심각해졌다. 극단적인 비관론은 상황에 도움이 되지 않는다. 철저히 예방해야 한다는 강박 관념을 가지고 지나치게 두려워할 필요는 없으나, 식량 로비 단체도 과학자들을 앞세워 화학 첨가물, 방사선, 생명공학, 유독성 폐기물 문제를 "대수롭지 않게 넘겨버리거나" "심각하지 않은 일로 만들어" 무책임하게 여론을 잠재우려 해서는 안 된다.

어떤 이들은 유기농이든 아니든 맛을 잃었다고 개탄한다. 그리고 화학 농업이 다른 것처럼 무의미한 것만은 아니라고 주저 없이 말한다.

우리가 토양의 본성을 거스르는 순간부터 맛을 되찾는 것이 어렵게 되었다. 해가 지날수록 오래된 혈통의 가축이나 우량 종자는 그 기반을 잃었다. 생산량 증대만을 목표로 한 생산은 조금씩 맛을 잃어버리게 했다. 포도 재배를 보면 그 이유를 잘 알 수 있다. 여러 포도주 생산국으로부터 포도주를 대량 수입하면서 포도 농사가 흔들렸다. 그 시기를 보내며, 프랑스 특급 포도원의 생산자들은 대량 생산이 아니라 제대로 된 맛을 내는 데 전념해야 한다는 것을 알게 되었다. 오늘날 곡류나 채소를 생산하는 대부분의 지역도 이러한 선택을 할 수 있으며, 최적의 영양과 맛을 찾아낼 수 있다.

마찬가지로, 프랑스 바게트의 명성은 심각하게 실추된 반면에 제빵은 빵 종류의 다양성을 통해 일신되었다. 효모와 밀가루와 빵 굽는 방식을 다시 찾았다. 소비자 입장에서 철저한 이력 추적 시스템을 추진했다. 우리는 빵과 와인의 예에서 이미지 변화의 노력을 보았으며, 따라서 마음을 끄는 맛있는 제품을 제공하면서 신뢰를 유지하려는 장인의 의지를 존중해야 할 것이다.

맛은 또한 온도에 달려 있다. 위생상의 이유로 제품의 보관 상태만 철저하게 챙기다 보면, 반대로 그 제품은 제 맛을 잃어버리고 무미건조하게 된다.

살아 있는 것을 가지고 작업할 때, 보존 조건은 저온 살균 처리된 낙농 제품과 같지 않다. 농장에서 매우 엄격한 조건으로 만들어 낸 양질의 치즈를 서늘한 곳에 보관하면 발효가 잘 되지만, 냉동시키면 그 맛은 변질된다. 치즈는 저장 창고에 있어야 세련된 맛이 나온다. 그것을 냉장고에 넣으면 퍼티 덩어리로 변질시키는 셈이다. 이것은 육류도 마찬가지이다. 도축한 고기는 햇빛과 열에 변질되지 않게 서늘한 곳에 두어야 하며, 도축하자마자 바로 먹어서는 안 된다. 육류는 소비하기 전에 적어도 네다섯 시간은 그대로 두어야 한다. 오늘날 연속 공정을 거친 거의 모든 육류 제품은 판매되기까지 보통 냉동고에서 12시간 이상 보관된다. 일반적으로 도축된 육류는 바로 도축장을 떠난다. 보통 어른이 되려면 4-5년 정도 걸리는 가축이 도축된 뒤 최상의 질과 섬세한 맛을 내려면 적어도 일주일은 필요하다. 3-4년 동안 우유를 생산한 젖소 고기를 맛보고, 보통 늙은 젖소는 고기가 질기다고 말한다. 만약 그것을 냉장고에서 6-7일, 또는 8일을 그대로 두면, 실질적으로 식용으로 사육된 어린 소의 고기와 비교하여 부드러움에서 차이를 발견하지 못한다. 따라서 우유를 생산하는 가축이 식용으로는 적합하지 않다고 하는 것은 잘못이다. 불신이 늘어감에 따라 정육점에서 고기를 사는 사람들은 이렇게 묻곤 한다. "어떤 종인가요? 젖소는 주지 마세요." 동물성 분말 사료를 먹은 고기일지도 모른다는 걱정 때문이다. 물론 젖소는 풀밭에서 4년을 뛰어다니며 자란 살레르 Salers[1] 종이나 샤로레Charolais[2] 종과는 품질이 다르다. 그러나 사육된 소나 젖소라도 자연적으로 길러졌다면 유사한 맛을 낼 수 있다. 중요한 것은 소들이 무엇을 먹고 자랐으며, 도축하고 얼마 후에 먹었는가 하는 것이다. 방금 젖을 짜낸 소라면 바로 식용으로 도축해서는 안 된다. 마지막으로 젖을 짜낸 후에 한 달 반에서 두 달 정도 기다려야 한다. 그렇게 하면 단단한 육질을 가지게 된다.

아이들 눈에 과일이 보이지 않는다. 예전에는 커다란 그릇에 담긴 과일

---

1. 프랑스 중남부 산악 지역 살레르에서 유래된 유육 겸용 품종
2. 프랑스 전 축우의 10% 정도를 차지하는 순수 육우 품종

들이 식탁 위에 놓여 있었는데, 지금은 사라졌다. 과일은 모두 냉장고 안의 채소 보관실에 들어 있고, 먹을 때만 냉장고에서 꺼낸다.

과일이 적당한 당도와 영양소를 가지려면 습기를 피해야 하고 주변의 온도 또한 적당해야 한다. 화학 약품을 써서 허울뿐인 과일을 속성으로 만들어 낸다면, 과일은 더 이상 제 맛을 가질 수 없다. 산업형 토마토에 대해 말해 보자. 토마토를 심고 난 후 — 아직도 심는다는 표현을 쓸 수 있다면 — 겨우 며칠만 지나면, 토마토 농축액을 만드는 공장에 공급하기 위하여 그것을 수확할 것이다. 여기에서 이미 우리는 농사의 기본과 완전히 멀어져 있다. "속성 재배" 토마토는 더 이상 싹을 틔우기 위한 묘목이 필요하지 않다. 네덜란드, 영국, 프랑스의 부슈-뒤-론느의 몇몇 농장들, 그리고 스페인 알메리아 지방에서는 너무나도 터무니없는 이러한 일들이 일어나고 있다. 수천 헥타르의 온실에서, 모로코 노동력을 착취하여 화학 약품을 주입한 산업형 토마토를 생산하고 있는 것이다. 간단한 유전자로 진짜 토마토를 만드는 공장이 생긴다면 모를까 인공 분야에서는 이보다 더 앞서갈 수 없을 것이다.

토마토 이외에도 복숭아를 포함한 몇 가지 분야에서 생산 전문화를 이루고 있다. 부슈-뒤-론느의 생-마르탱-뒤-크로에서는 한 사람의 생산자가 단일 종의 복숭아 1,300헥타르를 경작했다. 이것은 더 이상 땅의 농사가 아니며, 농민 농업과는 무관한 완전히 산업화된 농업의 모습이다.

배 농사도 엉망진창이다. 몇몇 품종을 규격화해 생산을

최대한 합리화했으며, 화학 약품을 지나치게 써서 과일을 오랜 기간 신선하게 보관했다. 과일이 냉장고형 진열대 위에 계절 없이 진열되었고, 사람들은 일 년 내내 배를 먹을 수 있기 때문에 지금이 무슨 계절인지 헷갈리곤 했다. 유전자 조작으로 크리스마스에도 딸기를 먹을 수 있다. 냉해를 입지 않게 하려고 딸기 안에 북극 물고기의 결빙 방지 유전자를 주입한 것은 이미 알려진 사실이다! 세계 곳곳에서 일 년 내내 무엇이든 먹을 수 있게 되었지만 자연, 계절, 태양과의 관계와 맛에는 오랜 시간이 필요하다. 그런데도 비열한 생산주의 시스템은 상식 밖의 논리로 치닫고 있다.

우리는 아이들의 이유식에 고기와 사과처럼 서로 관계없는 맛을 지닌 식품을 섞는다. 엄마들은 간편하다는 이유로, 이것이 상당히 심각하게 변질된 맛을 낳는다는 사실을 간과한다. 감자와 당근과 파를 넣어 수프를 만드는 데는 그리 긴 시간이 필요하지 않다. 그리고 신선한 채소나 맛좋은 계란을 써서 매일 메뉴를 바꾸어 가며 아기의 이유식을 만들어 줄 수 있다. 아기가 알아야 하는 첫 번째 맛은 모유이다. 모유의 질은 엄마가 먹는 음식과 관련이 있다. 따라서 모유는 그날 그날 다르다고 할 수 있다. 뒤이어 아이가 식품 하나하나의 단순한 맛을 훈련 받는다면, 그 과정에서 아이는 맛에 담긴 문화를 느끼게 될 것이다. 그리고 그런 아이들이 자라 어른이 되면, 그것을 자신의 몸에 완전히 동화시켜 나가게 될 것이다. 아이들이 "좋아하는 것"과 "좋아하지 않는 것"에 휘둘려서는 안 되며, 그들에게 맛을 깨우쳐 주는 일을 포기해서도 안 된다.

무언가 선택할 만한 나이가 되어 각자 자유롭게 선택할 때, 미세한 맛을 훈련 받았던 것은 자유를 발휘하는 데 무엇과도 대체할 수 없는 힘이 될 것이다.

12. 지주, 농민, 정치가, 땅은 누구의 것인가?

이 질문은 세 가지 사항을 포함하고 있다. 하나는 법률적 부분으로, '토지 소유자가 토지를 직접 경작해야 하는가?' 이다. 다른 하나는 사회적 부분으로 '정착하고자 하는 사람은 얼마의 땅을 사거나 임대할 수 있는가?' 이다. 그리고 세 번째는 정치적 관점인데, '토지에 대한 권리를 가지지 않고 부를 가로채는 것은 누구인가?' 하는 문제이다.

   마치 미로와 같은 이런 상황을 분명하게 판단하려면 농지 소유권과 관리 위임을 구별해야 한다. 경작지를 누가 관리하는가? 예전처럼 코뮌의 성주가 아니다. 제후가 영토를 다스리던 시대는 끝났으며, 그들은 어떤 경제권도 가지고 있지 않다.
   오늘날 정작 토지권 소유자는 땅과 멀리 떨어져 보이지 않는다. 융자 기관, 공동농업정책의 공동 책임자, 그리고 상장된 농식품 기업의 수뇌부가 그들이다.

토지권의 소유는 직접 땅을 경작하는 권리보다 우세하
다. 그것은 농업 정책의 선택이나 로비에 의해 강요된 생산
시스템에 달려 있다.

근본적인 문제는 토지에 대한 접근 가능성과 경작지의
양도 가능성에 있다. 이것은 법률적 · 사회적 · 정치적 싸움
의 시작이며, 지속 가능한 농업의 부활은 그 결과에 달려 있
다.

가족 농장을 이어받으려는 자녀들은 어떤 어려움을 극복해야 하는가?
외지에서 온 젊은이들이 농장을 인수하고 자리 잡을 가능성은 있는가?

오늘날 자본의 축적 때문에 농장들을 재인수하기는 매우
어렵다. 어쨌든 소작, 관리, 양도에 관한 기본법이 단단히 고
정된 지주처럼 남아 있다. 이것은 매우 중요하다. 그런데 순
조롭게 항해하는 농업 경영인과, 가족 농장이나 처분하는 농
장을 인수해 정착하려는 젊은이들 사이의 경쟁이 점점 과열
되고 있다. 이것이 문제의 첫 번째 요소이다.

두 번째 요소는, 농장 인수에 단기적인 수익성이 없다는
것이다. 그렇기 때문에 젊은이들은 종종 경제적 속박과 시장
의 제약에 부딪혀 실현 가능한 계획을 수립하지 못한다. 그
들은 특히 부가가치 없는 생산을 했을 때, 융자금이나 보증
금을 승인했던 은행으로부터 신용을 잃는다. 불안정한 경제
체제 안에서 살고 있는 만큼 소규모로 농업 활동을 재개하거
나 지방 시장을 다시 활성화시켜 유통되고 있는 상품의 진정

한 가치를 발견하게 하는 것이 하나의 해결책이 될 수 있다. 이것이 실현된다면, 젊은이들은 다시 농촌으로 돌아와 정착할 수 있을 것이다.

　매년 5만 명의 활동 인구가 농촌을 떠나는 것은 엄청난 손실이다. 그리고 이것은 미래에 농촌의 기본 구성원이 될 농민의 숫자가 감소하는 것이기 때문에, 타지에서 온 젊은이들에게 직업에 관한 문제를 공개적으로 제기해야 한다.

　매년 외지에서 오는 만여 명의 새로운 거주자들 가운데 6,000명 정도만이 공식적으로 농촌에 자리 잡는다. 융자금이 필요하지 않을 만큼의 돈과 학력을 지닌 사람은 극소수이다. 대부분은 졸업장도 없이, 진보적인 방식을 포기하고 표준 농업 생산 원칙과 무관하게 농사를 짓고 있는 사람들이다. 그들은 소위 전문적인 농촌 정착민들이 아니다. 농촌에 다시 사람들이 모여들며 활기를 되찾는 것은 반가운 일이지만, 그 구조는 최소한 현실과 맞아야 한다. 상황은 분명히 변할 것이다. 문제는 재정착하려는 인구의 부족이 아니라, 농장은 사라지고, 좋은 땅들은 이미 부농들이 독점하고 있다는 것이다. 그러므로 농촌에 정착하려는 사람들이 어쩔 수 없이 그 나머지라도 찾으려는 상황이다. 농촌에 사는 사람들과 전문적인 지식을 가지고 땅을 경작하는 사람들 사이에는 경계가 없다. 사람들은 정착하여 자리 잡으면, 거기에서 아이들은 새로운 농민이 되기 위해 일할 준비를 할 것이다.

　현재의 농민 수를 유지하기 위해서는, 농촌에서 출생하여 거주하는 아이들의 수만으로는 부족하다. 어쩔 수 없이 농촌 출신이 아닌 사람들도 이주하여 정착하기 시작했는데, 이러한 개방은 혼란을 야기하기도 한다. 농민을 위한 **차별적** **(정원) 제한**을 유지한다면, 내일의 농업은 다양한 방식으로 구성될 것이다. 농업은 도시인과 농촌인 사이의 관계와 교류 가능성을 발전시킬 것이다. 젊은이들이 농지를 사들여야 하는 상황을 만들지 않는 것이 최선이다. 집단적 형태의 토지 경작 방식을 찾아내야 하며, 거기에서 공유지는 여러 해 동안 투자 대상이 될 수 있을 것이다.

군사 기지 확장 계획 취소 이후, 정부는 르라르자크를 장기 임대 계약을 맺은 르라르자크 민간토지회사(STCL)를 통해 관리했다.

프랑스의 르라르자크는 정부의 인가를 받은(6,300헥타르) 가장 상징적인 국유 임대지이다. 여러 지역에서 가계약을 한 소규모의 농지연합(GFA)도 있었지만, 그것은 확대되지 못했다. 르라르자크의 토지 관리는 르라르자크 민간토지회사의 "첫 번째" 사업이었다. 토지는 여전히 국가의 소유이지만, 그 관리는 60년 장기 임대 계약권을 가진 민간 회사가 맡았다. 이 회사는 지방 농민들과의 모든 법률적 문제를 직접 해결했으며, 관례와 풍습을 유지하면서 여러 규칙을 적용해 특히 토양 보호 같은 임무에 최선을 다했다. 공동화空洞化된 농촌 지역에서 농사와 축산이 다시 시작된 것은 매우 특별하다. 이 정부안은 군사 기지 확장안이 취소된 뒤에도 이전 소유주들이 토지를 재매입하지 못하도록 했다는 데 중대한 가치가 있다. 프랑스 농촌에는 여전히 비정상적인 토지 상속 제도가 있다. 우리 농민 모두가 대대로 토지 양도세를 지불해야 한다면, 어떻게 경제적으로 서로 긴밀하게 결합될 수 있겠는가. 그럼에도 불구하고 민영화된 토지에서 농민은 농지연합이라는 형식을 통해서 공동체 내에서 땅에 영향력을 미치고 정해진 권한을 행사할 수 있다. 오늘날 재산을 보호하고 그것을 잘 이용할 수 있는 방법을 찾아내, 있는 그대로 소작의 지위를 이용해야 한다. 하지만 "공유지" 개념은 여전히 널리 퍼져 있지 않다.

농업을 지배하는 자본 시스템은 토지 이용의 근거 자체를 다시 문제 삼았다. 그러나 우리 농민들에게 중요한 것은 농산물 생산 증대를 위해 비료나 살충제를 살포할 권리를 얻기 위해 경쟁하는 것이 아니라, 가축의 분뇨를 유익하게 사용하는 것이다. 땅의 성질이 바뀌었다. 양돈과 가금 사육 지역처럼 지나친 투기 지역에서 땅은 심지어 은행에 묶여 있기도 했다.

마침내 우리는 농촌 공간을 재정의하기에 이르렀다. 토지 소유가 지니는 개념 중의 하나는 기득권이다. 그렇지만 토지 이용은 모두에게 속한 것이며, 토지의 가치 보존은 전체의 책임이라는 또 다른 개념이 명백히 드러나기 시작했다. 우리가 토지의 개인 소유를 문제 삼지 않는다 하더라도, 토지는 인류 공동의 재산이라는 생각은 갈등을 불러일으킬 수 있다.

나폴레옹 법전에는 개인의 소유권을 침해할 수 없다고 명시되어 있다. 재산 소유주는 그 새산으로 법의 테두리 안에서 원하는 거의 모든 일을 할 수 있다. 이것이 오늘날 근본적인 문제를 던져 준다. 농업은 생산 방식, 환경, 개발과 동시에 관계되어 있기 때문에, 소유주 혼자서 일할 수는 없다. 따라서 토지의 이용은 토지 소유주와 다른 여러 사람을 포함하고 있는 것이다. 우선 토지는 단 한 가지로 이용되지 않는다. 그것은 생산 도구가 될 수도 있고, 사냥터가 될 수도 있으며, 버섯을 따는 장소가 될 수도 있다. 땅은 많은 기능을 가지고 있기 때문에, 토지를 개인의 소유권과 분리시켜 그 이용과 관리에 대해 숙고해야 한다. 수렵 분야에서는 이러한 분리가 존재한다. ACCA, 즉 공동수렵협회는 전형적인 토지 이용 관리처라 할 수 있는데, 그에 따르면 소작인은 사냥을 할 수 있으나, 토지 소유주에게는 그 지역에서 사냥할 수 있는 권리가 없다. 수렵 행위가 개인의 소유권과 무관하게 관리되는 코뮌들에서, 집단의 권리는 개인의 권리보다 우선한다.

한 가지 방식으로 농사를 짓지 않아도 된다. 오늘날 하나의 농장을 여럿이 소유하는 경우가 있으므로, 토지를 농지로 이용할 때는 코뮌과 면 차원에서 논의가 필요하다.

[조제 보베를 비롯한 조합원들은 다른 여덟 명의 소유주와 함께 GAEC(공동농장 운영그룹)을 만들어 농장을 경영했다.] 이 소유주들을 연결해 주는 끈은 바로 우리의 농장이었다. 어느 날 그들 중의 한 사람이 농장을 우리가 아닌 다른 사람에게 세를 놓겠다고 결정하면, 그 농장은 사라질 수 있다. 그런데

코뮌이나 면 또는 도 단위 공동체는 이렇게 말하면서 또 다른 계획을 수립한다. "여러 지역과의 관계를 고려한다면, 많은 농장이 유지돼야 합니다. 농장 소유주는 농장을 소유하지만, 그것을 유지하기 위해서는 법률로 정해진 임대의 의무가 있습니다." 임대를 원하지 않을 경우, 승인을 받으면 가능하겠지만, 중요한 것은 공익성을 생각해 농민 이주를 받아들여야 한다는 것이다. 이것은 농장 소유주에게 그들의 권리를 빼앗으려는 것이 아니라, 단지 우선되는 권리에 따라 농장을 조직화하려는 것이다. 그 권리는 토지 개발, 농장을 열린 공간으로 유지해야 할 필요성, 부가 서비스, 그리고 다른 활동 — 사냥터, 산책로, 바캉스 체류지 등 — 을 기초로 한다. 농장을 임대하여 이렇게 이용하는 것은 소유주를 기쁘게 하려는 것도, 농장 고유의 기능에만 매달리려는 것도 아니며, 우리가 농장에서 무슨 일이라도 할 수 있는 권리가 있기 때문도 아니다. 그것은 다음 세대를 위해 생산적인 환경이 되도록 토지를 이용해야 한다는 것을 의미한다.

토지 경작에 관한 새로운 사회 계약을 연구할 수 있지 않을까? 토지를 책임지고 경작하는 사람은, 토지 소유주가 아니더라도, 토지를 투기의 장으로 변질시키지 않을 것이라는 사실을 반드시 보증해야 한다. 이것이 그에게 소유주가 아니라 생명체의 행위자로서 농민이라는 직업을 되찾게 해줄 것이다.

생산의 권리나 보조금에 대한 권리의 모든 법적 측면이

이러한 범주 안에 포함될 것이다. 언뜻 보아도 토지에는 여러 관계자가 있다. 소유권과 관리권을 가진 사람이 있으며, 매일매일 일을 해야 하는 농민이 있으며, 다음으로 정치적 결정권자가 있다. 그런데 토지가 공적 지원의 대상이 되면서, 정치적 결정권자에게 부여된 지원금 권리는 소유권과 소작인의 토지 관리권과 서로 겹쳐졌다. 하지만 그 법적인 범주는 뚜렷하지 않다. 헥타르 당 2,400에서 2,500프랑의 지원금을 투입하겠다는 정부의 결정이 있자마자 토지 가격이 상승했으며, 브뤼셀에서는 관개 시설 개발 지원금을 승인했다. 그러나 이것이 지하의 토양이나 지하수 문제를 해결하지는 못했다. 유럽이 보조금을 쏟아 부으며 관개 시설 확충과 개발을 부추긴다면, 지하수는 누가 책임질 것인가? 공동체의 것인 지하수가 어느 날 갑자기 말라버리거나 오염된다면 어떻게 할 것인가? 근본적으로 존재하는 모든 자원은 단순히 땅을 경작하는 개인의 것이 아니라 공동체의 재산이어야 한다. 그런데 물, 공기, 토양에 대한 책임은 여전히 인간과 시민의 권리 선언에 의해 공인되고 있는 것은 아니다. 이제 거기에 자연의 권리 선언을 덧붙여야 할 것이다.

현재, 국제 경쟁에서 세계를 지배하려는 부국이나 산업 국가들은 주저 없이 환경오염 권리까지 언급하기에 이르렀다. 가난 때문에 생산성을 증대시킬 만한 자원이 없는 빈국들에게, 그 나라를 오염시켜도 되는 권한을 부국에게 팔라고 제안하고 있는 것이다. 그러면 부국은 자국에서 발생한 유해 폐기물이나 잉여 생산물을 후진국으로 수출할 것이다. 토지의 권리는 지하에 미치는 인간의 행위를 포함한 가능한 모든 측면을 고려해야 한다. 수백만 년 동안 핵폐기물을 땅 속에 묻어둔다면, 이 물질이 살아 있는 땅 속에서 어떤 결과를 만들어 낼지 알 수 없다. 토지의 권리는 땅속의 권리를 포함한다.

셍겐 지역[1]의 도시인들은 농장을 경영하기 위해서 프랑스로 이주할 수 있을까?

오늘날 유럽 내에서 사람들은 원하는 곳이면 어디든지 정착할 수 있다.

그렇지만 셍겐 지역 밖에서, 예를 들어 슬로바키아나 코소보에서 오는 사람들은 프랑스에 정착하기가 쉽지 않다. 그렇다면 어떻게 농촌으로의 재이주를 가속화할 수 있을까?

허가를 받지 않은 이주는 매우 가난한 땅이나 법적 지위가 거의 없는 손바닥만한 땅에서 이루어진다. 유럽공동체 소속 국가에서 오는 사람들은 토지에 강력한 영향력을 행사할 수 있는 지역에 정착한다. 그들이 프랑스에서 토지를 소유하

---

1. 1990년 조인되어 1995년 발효된 셍겐 협정은 유럽연합 회원국들 간의 국제 조약으로, 가입국 안에서 하나의 비자로 이동이 자유롭다. 현재 거의 EU 전역으로 확대되었으며, 역내 회원 국가 간의 노동력 이주를 허가, 장려하는 반면에 동구권을 비롯한 역외 국가로부터의 국제 노동력 이주를 차단하기 위한 제도적 장치이다.

고자 한다면, 그들이 처분한 재산으로 자국에서보다 네 배나 넓은 지역을 살 수 있다. 스페인까지 내려온다면 여덟 배에서 열 배까지 더 넓은 토지를 차지할 수 있다. 상황은 불평등하다. 외국인의 이주는 토지의 취득을 통해 이루어진다. 그런데 프랑스 농촌에 정착하려는 코소보 인이나 보스니아 인들은 이주 정착금을 가지고 있지 않다. 이것이 토지 소유와 토지 사용 관리를 엄격하게 분리시키고, 새로운 이주민을 위해 임대 지위를 제정한 또 다른 이유이다. 게다가 오늘날에는 대부분의 토지가 임대이다. 프랑스 농지의 60%는 임대 경작지이며, 농지를 임내한 사람은 빌린 깃올 갚기 위해 불가피하게 보다 많은 생산을 해야 한다. 이는 완전히 반생산적인 일이다. 이러한 과정에서 돈을 버는 것은 융자를 해준 은행 뿐이다. 유럽 차원에서 보면, 토지를 소유하고 정착하는 것은 아무런 도움도 안 되고, 특별한 지원을 받지 못하기 때문에 누구도 관심이 없다. 또한 토지를 소유하고 정착하려면 소유권 획득을 위해 불가피하게 융자금을 갚아야 한다. 이렇게 되면 생산에서 얻은 수익을 가족을 먹여 살리는 데 쓰기보다는 은행의 융자금을 갚는 데 쏟아 붓게 될 것이다.

농업의 고용–연대를 창출할 수 있을까? 마틴 오브리가 노동부 장관이 었던 시절을 예로 들면, 농촌에서가 아니라 학교 시설에서 공공을 위한 고용 창출을 이루어 냈다.

중요한 것은 생활방식에서 농촌과 도시가 단절되어서는

안 된다는 점이다. 공동 구매를 원칙으로 하는 농업기자재사용 협동조합(CUMA)을 포함하여 몇 년 전부터 임금 노동자를 채용하고, 시간과 비용을 공유하기 위한 사용자 단체가 조직되었다. 농민들의 생활 조건을 개선하기 위해 실질적인 지원 정책을 폈던 1960-70년대의 노르웨이에서처럼, 이러한 차원에서 훨씬 앞서 나갈 수 있다. 거기에는 농민들이 마음 놓고 휴가를 떠날 수 있도록 하는 대리인 제도도 있었다. 농민은 누구나 체계적인 절차를 거쳐 일 년에 3주에서 한 달 동안 한 명의 대리인을 쓸 수 있다. 임금 노동자들의 유급 휴가처럼 대리인 제도를 농민을 위한 사회적 권리로 간주한다면, 우리는 이것을 통해 공동 관리되는 일자리를 만들 수 있으며, 젊은이들은 농촌 출신이 아니라도 2-4년 동안 미래의 정착을 준비할 수 있을 것이다.

프랑스에서 실행되고 있는 토지 집중화 논리에 따라, 토지가 대규모 농장에 흡수되자마자 농장이 해체되는 것은 농업과 관련한 재고용의 또 다른 걸림돌이다. 토지 비용을 줄이기 위해 별장으로 개조하려는 사람들에게 농장 건물을 팔았다. 그 지역에서 토지가 새롭게 쓰인다고 할지라도, 농사를 짓는 주민이 직접 거주하는 것은 아니기 때문에 더 이상 노동력을 창출할 수는 없다.

수많은 농촌 코뮌에서 별장이나 휴양 시설의 비중이 커져감에 따라, 때로 농민들이 극소수 집단으로 밀려나게 되고, 농업 활동 또는 정책과 그들과의 관계가 변화된다. 몇몇 지방 의회는 거주민들로 구성되는데, 그들은 투표를 통해 농업을 배제하는 것을 포함하여 마을에서 시행되는 일에 영향을 미친다. 자연은 생산과 농촌 관광업이 조화를 이룬 장소라기 보다는 여가 활동의 공간이 된다. 다른 관점에서 보면, 농촌을 생산 현장이자 휴식 공간으로 만드는 사회관계를 깨뜨리기 때문에, 우리는 근본적으로 농촌 관광업에 맞지 않는 집약 농업을 중요시하지 않았다. 한쪽에는 사일로가 있고 다른 쪽에는 유원지가 있다면, 두 세계는 절대 조화를 이루지 못할 것이다.

농장을 매각해야 한다면, 우리는 계속해서 농장을 이용하려는 사람에게 유리하게 우선 매각할 것이다. 이것은 농장을 별장용으로 팔아 어떤 식으로든 그것을 다시 이용하고자 하는 사람에게 우선권을 주는 결과가 될 것이다. 농민의 정착과 고용은 공익성을 가져야 하며, 확장과 붕괴보다는 정착을 우선시하는 법체계를 필요로 한다. 여기에는 전제 조건이 하나 있는데, 경작지를 명확하게 정의한 농업 기록부Registre de l'Agriculture를 정리하는 일이다. 첫 번째 대책은 농촌건설 토지정비회사(SAFER)의 논리를 재검토해야 한다. 처음에 농촌건설 토지정비회사는 농민들에게 재양도하기 위하여 토지를 사들였다. 그러나 농업경영자조합 전국연합이 그러한 체계에 간섭하면서 조합 동료들에게 득이 되도록 재주를 발휘했다. 그러나 우리는 토지의 확장을 제한하고, 정착을 우선하게 하기 위해 이러한 유형의 도구를 더 잘 이용할 수 있어야 한다. 농장을 임대하기보다는 차라리 없애려는 토지 소유주는 "지방 의회"나 "면 토지위원회"의 원칙에 따라 움직이지 않을 것이기 때문에 상당히 많은 세금을 납부해야 할 것이다. 불행하게도 몇 년 전 농촌건설 토지정비회사는 더 이상 토지를 경작지로 다시 팔 의무가 없다며, 자신의 법적 자격을 바꾸어 버렸다. 이제 농촌건설 토지정비회사는 토지를 누구에게라도 팔 수 있는 명실공히 승인된 부동산 중개인이 되었다.

내일 당장 모든 소규모 농장들을 분류하여 정리하겠다고 하면 어떻게 될까?

현행법에는 경작지에 대한 정의가 없다. 농업 활동이나 농장의 목축 자산, 소유주와의 관계에 대한 언급이 대부분이며, 경작지를 정확하게 정의한 법적 범주는 없다. 현대화된 법률 안에, 각 도의 경작지와 정착한 생산 인구를 조사한 농업 기록부를 미리 마련할 수 있었다. 그러나 이 기록부는 이론적으로 존재했지만, 실행되지는 못했다. 보통 농업부가 그것을 관리한다. 우리는 "경작지는 생산의 권리와 함께 양도될 수 있다"고 규정하는 것을 두려워하며, 경작지를 적당히 방치했다. 그런데 1990년대 "구조조정으로 조기 퇴직"한 나이 많은 농업 경영인들이 조직을 결성하는 모습을 목격했다. 구조조정에 의한 조기 퇴직이라니, 얼마나 끔찍한 말인가. 농민은 이웃이 자신의 땅을 차지할 때, 조기 퇴직을 하는 셈이 될 것이다. 그런데 다른 해결책이 없기 때문에 한때 지주였던 농민들은 팔아버린 농장 건물에 그대로 머물거나, 아니면 농장을 별장용으로 넘기고 보잘것없는 거처를 구하거나 자식들 집으로 가야 한다. 그렇게 되면, 농장은 완전히 붕괴되어 젊은이들을 정착시키기 위해 재인수하려고 해도 할 수 없는 상황에 처한다.

조사 기록부를 만든다면 그 기준은 무엇인가?

첫째, 경작지를 정의할 때 가치 평가를 어떻게 하든, 직접적이든 간접적이든, 그것은 경작할 땅에 관한 지표이다. 이것은 토양의 물리적 관계를 정의한다. 이러한 토대 위에 생산의 권리가 존재하는데, 그것은 경작지와 관련되며 양도할 수 없는 것이다. 쿼터는 토지 면적과 관계 있기 때문에 경작지를 확장하는 결과를 낳으며, 사람들은 이런 식으로 경작지를 늘려가면서 쿼터를 늘린다. 경작지를 정의해야 생산 인구를 정의하고, 도 차원의 지리도를 만들 수 있으며, 고용 인원수와 토지의 분배에 따라 농촌 활동의 유지 여부를 결정할 수 있을 것이다.

13. 타락한 세계화에 반대하여

조제 보베가 언제 처음으로 "반세계화"를 말했으며, 세계 각국에서 연쇄 반응이 일어났는가? 농민의 문제는 국제적 차원의 문제였고, 농업 경영인은 자신이 원하거나 의식하지 않아도 생산주의에 종속되었으며, 이것이 간접적으로 멀리 떨어진 나라의 농업을 궁핍하게 하고 파괴하는 데 일조했다.

GATT에 농업이 포함된 1986년, 우루과이 라운드에서 모든 일이 시작되었다.

내가 처음으로 남/북의 논리에 맞서 싸웠던 것은 훨씬 이전이다. 르라르자크에서 "밀은 사람을 살리고, 무기는 사람을 죽인다"는 구호 아래 사람들이 모였던 것이 1974년의 일이다. 이유는 다음과 같다. 프랑스 정부는 남반구 국가에 팔 무기를 시험하기 위해 군사기지를 건립하고자 했다. 이를 위해서는 농지를 사들이면서도, 정부는 농업을 발전시키기 위해서는 절대 돈을 쓰지 않았다. 여기에 부패가 따랐다. 이에 반대하여 며칠 동안 10만 명 이상이 모였고 — 아프리카와 라틴아메리카에서도 농부들이 왔다 — 우리의 산업형 농업, 특히 땅을 벗어난 농업이 비상식적인 역할을 하고 있다는 것으로 논쟁이 시작되어, 콩 수입의 필연적 귀결을 문제 삼았다. 당시 나는 콩 문제를 논의하면서 전 지구가 프랑스 서부, 네덜란드, 덴마크 등 유럽의 가축 사료의 원료 생산지로 바뀌는 비상식적인 농업 시스템을 발견했다. 사실 우리의 축산업은 남반구 국가들의 비옥한 토지를 토대로 하고 있었다. 남반구 국가에서 들여온 사료로 축산업을 발전시켜 그 생산물을 다시 싼 값으로 사료 수입국으로 수출하는 것이다. 남아메리카, 아시아, 아프리카 등 남반구 국가들의 농장을 토대로 하는 유럽식 생산 방식이 바로 우리 투쟁의 출발점이었다.

현재 유럽에는 1,600만 헥타르에 해당하는 콩이 수입된다. 남반구 국가들에서 프랑스 경작지의 절반에 달하는 토지가 가축 사료 생산을 위해 이용되고 있다. 다른 나라 경작지에서 나온 농장 생산물로 우리의 축산을 활성화시킨다는 것은 이해할 수 없는 논리이다. 이러한 방식의 축산은 땅과 아무런 관계도 없다. 도시 근교나 콘크리트 위에서도 가축을 사육할 수 있게 되었으며, 농업과 생산 장소와의 관계가 끊어졌다.

타락한 시스템은 곡물업자의 로비로 지탱되는 농업 관련 기업에 의해 매우 파렴치한 방식으로 발전했다. 그리고 농민들은 수입한 곡류를 최대한 이용하고자 토지 소유 여부와 크게 관계없는 가금류의 생산을 늘렸으며, 이때 콩은 보충물로 반드시 필요했다. 이러한 생산 유형은 불가피하게 낮은 가격의 식물성 단백질 수입을 요구했다. 우리는 균형을 파괴했고, 부산물을 남반구 국가로 재수출했다. 우리가 모든 것을 망쳐버리는 데 GATT도, 더 나아가 WTO도 필요하지 않았다. 전 지구적인 생산 모델을 제공하기 위한 논리가 만들어졌고, 이제 합리화되었다.

1986년 GATT에 농산물 부문이 포함되었을 때, 시장이 약육강식의 세계가 되지 않도록 국가 간의 관세 체계를 조직하는 것이 의사일정에 포함되어 있었다. 애초의 제안 자체에 문제가 있었던 것은 아니다. 불행하게도 이 논리가 예기치 않게 변질되면서, 시장의 질서를 재정비하려는 의도는 시장 그 자체가 개선 요소라는 독선으로 치달았다. 이러한 가정에 의하면, 상업화와 성장을 지향할수록 발전을 가져온다는 것이다. 이것으로부터 "국경을 개방함으로써 자유 시장 체제로 갈 수 있으며, 자유 시장 그 자체는 경제적 번영의 전달자"라는 자유 무역의 유토피아적 견해가 나온다. 자유 무역의 이데올로기는 GATT를 이용했으며, GATT는 농업을 전체 시장의 핵심으로 만들기 위하여 국제 협약에 그것을 포함시키기로 결정했다.

1986년 초 GATT의 첫 번째 각료 회의 때, 농민 사회는 다자간 무역 협상에 대해 거의 알지 못했으며, 도시인들 역시 그들의 일상이 바뀔 수도 있다는 것을 알아채지 못했다. 우루과이 라운드가 끝난 1990년대에 국가들 간의 관계 변화가

일어났으며, 경제는 실행 방식에 따라 점점 더 자치적으로
되었다. 국제 사회는 고유한 논리를 가지고 있었고, 그것은
종종 국가보다 우선하는 경제적 권리에 관한 논리였다. 부국
정부가 자유 무역만이 국제 무역의 유일한 형식임을 받아들
이도록 설득했기 때문에, 국제 사회는 저마다의 이익을 위해
다자간 무역 협상으로 방향을 전환하기에 이르렀다.

*

1998년 OECD[1]는 투자에 관한 다자간 협상 계획을 발전
시켰으며 — 어떤 자료에서 보면, "투자에 관한 이 다자간 협
상 덕분에, 기업은 어떤 나라의 발전을 가로막을 수도 있을
것이다"라고 분명히 말하고 있다 — 사회 운동은 심한 충격
을 받았다. 이 논리에 따라 정치권력과 기업권력 사이에 관
계 변화가 일어났다. 기업은 노동권을 포함해 어떤 권리에
대해서도 그 나라의 법체계에 귀 기울이지 않았으며, 국가에
대해 "당신 나라의 법은 우리의 발전과 모순됩니다. 따라서
법을 바꿔야 합니다"라고 말하기까지 했다. OECD 초기 회원
국 가운데 하나인 프랑스는 사회 운동가들의 압력으로 주춤
하며, "아뇨, 우리는 이 협정에 사인할 수 없습니다"라고 말
했다. 반세계화에 대한 인식은 이렇게 시작되었다.
　1999년 미요의 맥도날드 공사장 해체 사건은 여론을 움

———————————————

1. 경제협력개발기구

직였던 두 번째 중요한 신호였다. 국민 건강까지도 시장의 논리에 종속되어 있다는 것이 분명하게 드러났다. 유럽이 국민 건강이라는 명분을 앞세워 호르몬제를 사용한 미국과 캐나다 산 쇠고기 수입을 거부했을 때, 이러한 행위는 불법적인 것으로 간주되어 유럽은 WTO에 제소당했다. 이 일은 미국이 로크포르를 포함하여 많은 유럽 제품에 높은 관세를 부과하게 되는 도화선이 되었다. 가장 상징적인 프랑스 특산물을 볼모로 삼아 무역 보복을 취했다. 대중들은 일련의 사건에 강한 인상을 받았으며, 시장 원칙은 단지 기업들 간의 모호한 게임이 아니라 일상생활에 영향을 미친다는 사실을 이해했다. 강력한 지진의 진동과 같은 파급 효과를 낳았다.

최근에 에이즈 치료약 때문에 남아프리카에서 일어났던 충돌은, 시장의 논리가 일상에 미치는 영향이 어떤 것인지를 깨닫게 했다. 남아프리카 정부는 에이즈 환자를 치료하기 위해 일반 의약품을 초저가로 생산하려 했다. 그러자 47개 연구소와 미국은 특허권 침해 혐의로 남아프리카 공화국을 WTO에 제소했다. 브라질에서도 같은 일이 일어났다. 대중들은 이러한 소송을 지켜보며 국민 건강에 대한 시장의 공격으로 이해했다. 의약품에 대한 특허를 지키려는 기업의 권리 때문에 수백만의 에이즈 감염자들이 희생되었다. 오직 시장의 논리에 복종함으로써 인간의 권리와 무역의 권리 사이에서 가치의 우선순위는 무너지고, 세계는 파행으로 치닫는다.

"반세계화," 보다 정확히 말해서 반지구화라는 현행의 운동을 단결시키는 것은, 시장이 그 자체로만 가치를 지니는 것은 아니며, 경우에 따라서 시장이 조절 수단이 될 수 있고, 기본적인 정의가 부서질 때 그것은 무너지고 만다는 사실의 자각이다. 이것을 인식했다면, 새로운 근본 가치 위에 전 지구를 재조직할 필요가 있을 것이다. 이것은 농업을 넘어서는 문제이지만, 삶의 중심인 농업의 변질과 소외에 관한 논쟁은 지구의 미래에 관한 정확한 비전을 제시할 것이다.

농업은 핵심이 되는 출발점이며, 그것을 바탕으로 일상 생활과 무역이 체계화될 수 있는 것이다. 사회의 메커니즘을 연구하는 사람들에게 농업은 추적자 역할을 한다. 오늘날 아프리카의 많은 나라들은, 특히 유럽으로부터 상당량의 밀을 수입하면서, 전통적인 생산 방식을 포기했다. 아프리카의 인구가 증가하면서, 아프리카의 주요 항구 근처에 있는 대규모 제분 공장에서 만들어진 빵은 주민들에게 쉽게 전달되며, 밀가루는 사탕수수나 조를 대신한다. 반은 밀, 반은 조나 다른 곡물로 빵을 만들기 위해 이 나라의 농업 경영인에게 실행했던 지원 제도는 실패했다. 기초 농산물이 수입 밀보다 비쌌기 때문에, 그들은 50%를 지역 생산물로 사용하는 대신 100% 수입 밀로 빵을 만들었다. 시장의 논리는 완전히 변질되었으며, 그렇기 때문에 식량 주권의 문제, 즉 자신의 나라에서 생산되는 농산물을 먹고 살 권리는 진정한 기본권이 되었다. 이것을 무시한다면, 전 지구의 미래는 없다.

쌀 생산국은 자국에서 소비하는 쌀의 최소한 5%를 생산해야 하며, 이것은 다른 농산물도 마찬가지이다. 수입 당사국보다 낮은 생산 비용으로 곡류를 수출하기 위해 덤핑 판매를 하는 미국이나 유럽의 거대 다국적 기업에 의무적으로 국경을 개방하는 일은 빈민국의 자급 생산 능력을 무너뜨리고, 그들을 수입한 식량에 의존하게 만든다.

생산주의 시스템 자체를 완전히 막을 수는 없다. 그러나 질 것이 뻔한 싸움을 한다고 우리를 비난했던 사람들은 이미 여론에서 그들의 명분을 잃고 있다. 그러한 생산 모델은 더 이상 정당화될 수 없으며, 지금 누구도 그것을 책임지려 하지 않는다. 옛 동지들은 생산 과정을 바꾸어야 한다고 고백한다. 우리는 여전히 제 무덤을 파는 시스템 안에 있지만, 그 시스템은 오래 유지되지 못할 것이다. 예를 들어, 스톡홀름 재판소에 그것을 제소했다고 상상해 보자. 사건을 맡은 변호인은 두 이데올로기의 대립을 전략적 무기로 삼은 검사측을 반박하지 못할 것이다. 그리고 검사측은 여론에 강한 인상을 주기 위해 이렇게 결론지을 것이다. "반세계화는 반자유주의적인 이데올로기이다." 그렇지만 여론의 봉기 속에 이데올로기는 없다. 단지 살아남기 위한, 그리고 지구의 자원과 유산을 지키려는 의지와 사람들의 삶이 있을 뿐이다.

초국적이라는 것은 말장난이다. 그것은 사람들이 특별한 관심을 가지고 무역과 시장의 자유에 대해 논의하도록 했고, 독점 대기업에게만 이익을 가져다주는 시장의 민영화를 증대시켰다. 자유는 강탈당했다. 처음에 세계화의 개념은, 지구의 끝에서 끝으로 사람들이 서로 교류하고, 왕래하고, 만나기 위한 인본주의적인 것이었다. 이것이 세계화의 원래 의미이다. 우리 모두는 지구라는 하나의 별에 살고 있으며, 공통된

관심을 가진다. 진정한 세계주의자는 바로 우리이다.

조제 보베는 지구 곳곳의 저항가들과 긴밀한 관계를 가졌던 양심적 병역 거부자였던 때를 기억한다. 그 후 그는 "세계의 시민"이라 불리는 사람들의 노선에 동참했다.

　세계의 시민이라는 자각은 두 번의 세계대전 이후에 나타났다. 한 나라가 다른 나라와 맞서 싸울 때, 그것은 철강 카르텔의 예처럼 오직 돈을 벌기 위한, 즉 소수의 경제적 이익을 위한 경우일 때가 많다. 어떤 이들은 "우리는 더 이상 국경에서만 싸우지 않습니다. 소수의 경제적 이익이라는 논리는 위험하죠. 우리는 세계의 시민입니다"라고 말했다. 초기의 세계화 움직임은 인본주의적인 것이었다. 그러나 세계화라는 용어는, 시장의 논리가 세계를 구현하는 논리라는 데 동조하며, 그것을 자유 무역에 한정시킨 사람들에 의해 타락했다. 그들이 말하는 자유 무역은 아무런 제동 장치 없이 세계 곳곳에 상품을 유통시키는 능력이다. 사실 이것은 세계화라는 용어를 가로채서 사용할 때마다 저질러지는 자유와 분배에 대한 강도 행위이다. 오늘날 반세계화를 비난함으로써 실제로 반세계화 논리를 전도시킨다. 영국인들은 보다 적절한 용어를 사용하는데, 그들은 반세계화 때문이 아니라 "지구화의 거부"라는 점에서 우리를 비난한다. "지구화"라는 용어는 지구를 시장 경제 논리에 몰아넣으려는 책략을 더 잘 깨닫게 해준다.

우리는 독재 권력의 종말과 함께 이데올로기의 종말에 대해 말했고, 전체주의를 공개적으로 규탄했다. 사실 테크노크라트에 의해 강요된 지구화는 전체주의의 뒤를 잇는 것 같았다.

1944년, 폴란드가 공산주의 지배하에 있을 때 일어난 농민 운동이 하나의 상징적인 예이다. 토지의 국유화에 대항하여 농촌에서 거센 저항이 있었다. 폴란드에서는 소련식 집단 농장(콜호즈) 모델, 즉 국영 농장이 제 기능을 수행하지 못했다. 폴란드에는 낙농업과 양돈업 농가만큼이나 소규모 채소 농장이 많았다. 그런데 공산주의가 40년 동안 이루지 못한 것을, 유럽 시장은 10년 만에 이룰 것이다. 폴란드를 유럽과 국제 시장으로 통합하려는 계획은 폴란드 농업을 빠른 속도로 파괴시킬 것이다. 공산주의에 저항했던 농민들이 이번에는 힘겹게 시장 원리에 저항해야 한다. 이러한 의미에서 실제로 이름 없는 독재 권력에 직면한 것이다.

현재 중국의 경우도 규모는 다르지만 상황은 마찬가지이다. 2001년 중국의 WTO 가입으로 인해 2억의 중국 농민들이 집단 이농해야 할 위험에 처해 있다.

블록 경제나 카르텔의 최후 수단은 "현대화"였다. 진정한 현대화란 무엇인가? 최신 기술과 발견을 이용하려 하지 않고, 연구 활동을 저지하려는 것을 농민의 탓으로만 돌려야 하는가? 이것은 또한 과학 이데올로기를 거부하는 것인가? 윤리와 기준과 제어를 바라는 것은 전혀 별개의 것이다.

　　18세기에 진보주의자가 되는 것은, 사람을 더 잘 살게 하려는 것과 동시에 문화와 자유와 복지에 도달할 수 있도록 하려는 것이었다. 그러나 20세기에 일어난 일들을 보면 정말 놀라지 않을 수 없다. 인본주의의 회복 같은 진보의 사상에서 벗어나 오직 기술의 논리로 돌아서고 있다. 지금 우리는 기술의 발전만이 진보라고 말하고 있다. 기술이 향상될 때마다, 사람들은 "이것이 진보다"라고 하면서 기술 향상 자체를 목적으로 삼는다. 우리는 진보에 대한 이러한 환상을 거부한다.

14. 만약 전 세계의 농민들이

세계 곳곳에서 조제 보베는 농민의 주장을 옹호하고, 지방 농민의 상황을 알아보고, 시민의 움직임에 귀 기울이며, 경험한 것을 비교하고, 사회 포럼에 참여하고자 노력했다. "농업부" 자료가 국제적 차원의 것임을 인식한 그는, 유럽 농민 공동체를 흔드는 위기의 원인과 결과를 먼 나라에서도 찾아냈다. 문제는 지역적인 것이 아니라 전 세계적인 것이라 할 수 있다. 이러한 과정에서 방갈로르, 포르투 알레그레, 멕시코, 시애틀, 몬트리올 등 세계의 농민들이 서로 고립되어 있지 않다는 것을 알 수 있었다.

인도 남부의 방갈로르. 나는 거기에서 있었던 "종자 법정 소송"에 참석했다. 거대 종자 기업이 소농들에게 불임 종자를 팔았다. 법정의 증인들은 눈물이 날 정도로 나를 감동시켰다. 이 사건으로 남편이 자살했다는 여자를 보면서, 나는 농산물 시장 가격 하락과 종자 가격의 지나친 상승이라는 이

중고에 직면하여 궁지에 몰린 농민의 고뇌를 상기했다. 그런데 기업은 그들에게 종자의 품질까지 속였다. 어떤 남자는 자신의 흉터를 보여 주었다. 그들은 씨앗을 사기 위해 신장을 떼어 팔았던 것이다. 농민들에게 행사되는 압력, 카스트 제도의 영향, 평생을 빚쟁이로 만드는 과도한 결혼 지참금에 대한 소송도 있었다. 그렇지만 그들을 가장 살기 어렵게 만든 것은 비정상적인 가격 자유화와 소농을 무너뜨리는 인도 정부의 농업 정책이었다.

우유를 자급자족하는 인도, 나는 이렇게 큰 나라가 현재 정부 지원금을 받아 생산한 유럽산 우유를 수입한다는 사실을 알고 깜짝 놀랐다. 인도에서 직접 우유를 생산하는 비용보다 수입하는 것이 더 쌌다. 나는 피해자들의 증언으로 충격을 받았지만, 농민들이 스스로 패배자임을 인정하지 않는다는 것을 확인했다. 어떤 이들은 자기 나름의 수단과 대안을 만들어 가면서, 자기를 지킬 수 있도록 자신의 활동을 조직화했다. 그들은 종자 은행을 설립, 운영했다. 인도는 자국 국민을 먹여 살릴 만큼의 충분한 생산력을 가지고 있었으며, 기아 상황도 아니었다. 농촌에서는 많은 농민들이 열심히 땅을 일구었다. 그러나 빗나간 경제 정책은 농민을 도시 빈민촌으로 내몰 위험이 있으며, 그곳의 인구 과잉은 대재난이 될 것이다. 매우 치열한 투쟁 속에서도 농촌 운동을 유지하고 발전시키기 위한 희망을 가져야 하는 이유를 알았다.

인도 독립 운동을 하면서 간디가 인도 공화국 건설은 도시가 아닌 농촌을 기반으로 해야 한다고 말했던 것은 그의 위대한 직관을 보여 준 것이다. 1960년대 그곳에서 대지주들에게 경작하지 않고 방치해 둔 그들의 토지를 포기할 것을 요구했던 매우 중요한 토지 점거 운동이 있었다. 그 결과 수백만 헥타르의 농지가 회수되어 소농들에게 배분되었다. 우리는 인도의 농촌 운동을 따라갔다. 이 거대한 나라에서, 해야 할 일은 정신이 아찔할 정도로 엄청났지만, 지방 농민들이 보여 준 용기와 창의력은 모범적이었다. 우리는 인도 대륙 남부와 동부의 농부들과 생각을 같이했다.

*

포르투 알레그레에서 우리는 유전자 변형 농산물에 대한 투쟁의 시험 장소에 있었다. 사실 브라질 연방 정부는 리우그란데 두 술 주써 법률을 존중하지 않았다. 리우그란데 두 술 주는 농민 농업을 보호하고 로비의 압력에 굴복하지 않은 본보기가 되었던 도시다.

　브라질 연방 정부는 유전자 변형 작물의 사용에 대하여 공식적인 의견을 표명하지 않았지만, 브라질 남부의 리우그란데 두 술 주는 실험 재배지를 포함하여 유전자 변형 농산물 재배를 명확히 금지했다. 그럼에도 불구하고 브라질 최대 콩 생산지 가운데 하나인 이 주에서 사기업들이 법률을 위반했다는 것은 믿기지 않는 사실이다. 몬산토는 이름이 거론되지 않도록 하기 위해, 농장을 하나 인수하여 400헥타르의 땅에서 유전자 변형 작물을 재배했다. 이 기업은 연방 정부가

승리할 날을 기다리며 이런 식으로 종자를 증식했다. 우리는 접근이 완전히 차단된 치외 법권 상황에 직면했나. 리우그란데 두 술 주는 모든 종자를 봉쇄했고, 이 기업은 그것을 출하할 수 없었지만, 야외 재배지에서는 마치 아무 일도 없었던 것처럼 시험 재배가 계속되었다. 권력의 위협 앞에서 천만 명이 집결한 "땅없는 농업 노동자"의 운동은 단호하게 유전자 변형 농산물 거부와 농민 농업을 선택하고 행동에 들어갔다. 그들은 땅을 점거하는 전략을 채택했다. 경작하지 않는 사유지를 무단 점거하여 합법화한 뒤, 그곳에 영구적으로 사람들을 정착시킬 목적을 가지고 투쟁했다. 그들은 유기 농업, 농산물에 라벨 붙이기 등 대안이 될 여러 가지 농업 계획을 가지고 있었다. 오늘날 브라질에서 식량 자급자족을 실현하려는 사람들은, 양질의 농업을 보호하는 일과 소외된 사람들을 먹여 살리기 위해 생산하는 일은 일맥상통한다는 것을 보여 주고자 한다. 양질의 먹을거리를 생산하는 일이 저질 먹을거리를 생산하는 일보다 많은 비용이 들지 않는다는 사실은 생산주의의 초과 경비를 통해 확인할 수 있다. 이러한 관점을 발전시키기 위한 토지 실험실이 있는데, 그것은 현실적일 뿐만 아니라 진보에 등을 돌리지 않는다.

나는 포르투 알레그레 근처에 있는 "합법적 점거"로 이루어진 농장을 방문했다. 그곳에는 백여 가구가 거주하고 있었는데, 35가구는 조합에 몸담고 함께 일했으며, 60가구는 자립 농장을 가지고 있었다. 이 땅을 소유한 사람들은 동시에 함께 노동해야 한다는 구실로 어떤 특별한 모델을 강요하지는 않는다. 반대로 개인이든 집단이든 자기의 거주 방식을 선택할 수 있으며, 두 가지가 공존할 수도 있다. 두 그룹이 서로 상부상조하기까지 한다. 이러한 체험은 이미 사회적으로 매우 관심을 끌었다. 생산 방식의 차원에서는, 채소 생산만큼이나 가축 생산도 혁신적이다. 유기농 쌀 생산과 물고기 배설물로 논을 비옥하게 만드는 친환경 수경 농업의 실현은 매우 현명한 제안이었다. 물풀이 물에 영양을 공급하고, 물고기가 기생충을 박멸하며, 동시에 물고기 배설물은 벼에 질소 비료의 역할을 한다. 이러한 순환은 일종의 보완성을 유지하며, 상류(생산지)에 덜 의존하게 된다. 판매는 지방 시장에서 그 지역 거주민의 생활수준에 맞는 가격으로 이루어진다. 사회 운동의 일환으로서 농업은 위에서 아래로 강요된 개혁 방식을 받아들이는 대신 농민들 스스로 자신의 모델을 확립하는 방향으로 나아간다.

농학자들의 참여로 발전은 구체화된다. 아무 강요도 할 수 없지만, 그들이 함께 경험하는 일은 매우 중요하다. 새로운 방향 전환은 결국 사람에 의해 결정된다. 포르투 알레그레에서 있었던 투쟁은 희망의 전달이며, 전 세계의 농민 운동과 합쳐질 것이다. 세계 어디에 있든 농민들은 그들의 미래를 되찾을 것이며, 다른 나라의 농민들도 정보화되어야 한다. 여기에 농촌 사회의 핵심인 공동체의 의미가 있다.

*

멕시코에서 반군 지도자 마르코스Marcos 부사령관은 인디오 농민을 포함한 국민 전체의 권익 보호를 외치며 국토 순례 평화 행진을 했다.

멕시코 인구의 10% 정도를 차지하는 인디오 주민은 종종 가난한 지역으로 내몰리곤 했다. 멕시코 남부의 치아파스 주州는 가장 살기 힘든 지역 가운데 하나였으며, 농업에 종사하는 인디오 공동체가 거기에 정착했다. 그들의 혁명 조직을 사파티스타라고 일컫는데 사파타의 후예라는 의미에서 스스로를 그렇게 불렀다 — 그들은 원주민의 권리를 인정받기 위해 싸웠다. 이상하게도 오늘날의 멕시코는 식민지화되는 과정에서 집단 학살당한 이 나라 초기 원주민의 후손들에게 특별한 사회적 지위를 인정해 주지 않았다. 원주민은 자신들의 존엄성과 고유한 규범에 따라 그들이 사는 영토에서 정착할 권리를 인정받기 위해 투쟁했다. 그들은 멕시코를 떠나는 것이 아니라 평등한 시민으로 인정받기를 원했기 때문에 독립을 주장하지는 않았다. "멕시코는 우리 없이 존재할 수 없다." 동시에 이 투쟁은 명백하게 세계화에 대한 성찰을 내포하고 있다. 1994년 1월, 캐나다, 미국, 멕시코 간의 자유 무역 협정[1]이 발효된 날 투쟁이 시작된 것은 우연이 아니었다. 사파티스타 민족 해방군은 자유 무역 협정이 발효된 바

---

1. 북미 자유 무역 협정(NAFTA)

로 그날 봉기했다. 오늘날 원주민 농민들의 기본권은 무시되었으며, 세계화라는 미명 아래 오직 경제와 무역에 대한 이해관계만으로 세계를 조직한다. 따라서 그날을 선택한 것은 매우 상징적이었다. 이것은 세계의 상품화가 개인과 공동체의 기본권에 역행하고 있음을 여실히 보여 주었다. 처음부터 그 운동은 모습을 감추고 있는 세계화에 대한 성찰을 바탕으로 했으며, 이것은 그들이 채택한 "사파티스타 민족 해방군"이란 이름을 통해서 확인할 수 있다. 심사숙고 끝에 그들은 가장 상징적인 멕시코 혁명 지도자이며, 농민 운동의 대표자인 사파타[1]의 이름을 선택했다.

마르코스는 도시 출신이었지만 멕시코 사파티스타 민족 해방 운동의 중심에 있었으며, 실질적으로 농촌 공화국을 실현했던 것은 바로 그였다. 20세기 초, 고향인 모렐로스 주州에서 사파타가 했던 가장 큰 일이자 운동은 "아얄라Ayala 계획"이었다. 그것은 농업 개혁이며, 토지를 중심으로 농촌 공동체를 조직하는 것이었다. 토지의 권리를 되찾았고, 토지에 대해 소유가 아닌 이용에 따른 분배의 개념을 되찾았다. 1789년 프랑스 대혁명 당시 삼부회의 농민들의 투쟁 — 삼부회의 청원서에 기록되어 있다 — 역시 토지를 차지하기 위한 것이 아니라 코뮌 안에서 토지를 함께 이용할 권리를 지키기 위한 것이었다. 농민 투쟁의 역사가 지속적으로 주목받는 것은 바로 이러한 이유에서이다. 그리고 인디오들이 사파타를 계승

1. Emiliano Zapata, 1879-1919. 멕시코의 혁명가. 농지 개혁의 주창자.

하였던 것은 자신들의 운동이 농촌 운동 전체로 확장되었음을 알리기 위해서였다. 2001년 3월에 있었던 멕시코 국토 순례가 중요한 이유는 인디오와 농촌 운동 사이의 결합을 보여주었기 때문이다. 1985년 이후, 우리는 멕시코 농민 단체와 지속적인 관계를 맺고 있었다. 우리는 1985년 초의 여러 대회에서 멕시코 농민 조합 대표들을 만났으며, 멕시코 농민 운동이 주장하는 것은 사파타 이후 70년이 지난 시점에서 새로운 토지 개혁을 확립하는 것임을 알고 있었다. 그 행진은 지지자들의 고향 마을로까지 이어졌다.

마르코스는 지금은 작은 박물관으로 바뀐 어떤 집을 방문했는데, 이때가 국토 행진 중에 부사령관과 다른 지도자들이 투쟁의 시조에 대한 존경의 표시로 검은 마스크를 벗어 올린 유일한 순간이었다. 그리고 그들은 사파타가 20세기 초에 확립했던 농업 개혁인 "아얄라 계획"에 상징적으로 사인했다. 멕시코에 도착한 바로 다음날, 우리는 유전자 변형 농산물을 강요하는 다국적 기업에 대항한 투쟁을 주제로 멕시코 농민 운동가들과 회의를 했다. 콜롬비아, 에콰도르, 칠레, 브라질 등 라틴아메리카 곳곳에서 농민 운동과 원주민 운동과의 관계를 재발견할 수 있었으며, 거기에서 우리는 아마존 인디오의 투쟁을 지지했다.

이러한 연대는 처음부터 사파티스타 운동을 지지했던 농민연맹의 대열에서 뿐만 아니라 늘어나는 유럽의 단체들 내에서도 매우 긍정적으로 받아들여졌다. 점차 시민들은 눈앞에서 일어나는 지역적인 일과 다른 나라에서 일어나는 국제적인 차원의 일이 공통점을 가지고 있으며, 현행의 정책은 더 이상 파리나 브뤼셀에서 결정되는 것이 아니라는 사실을 깨닫기 시작했다. 우리가 미요의 맥도날드 매장 건축 공사장에서 보여 주고자 했던 것이 바로 이런 것이다. 로크포르는 완전히 잃어버린 세계의 작은 단면이다. 오랜 전통을 지닌 지방 특산물의 수입 금지 조치는 초국적인 결정이었다. 그것을 계기로 원산지 표시 규정 생산자들까지도 조만간 대서양 반대편에서 온 강제 결정에 의하여 직접적인 타격을 받을 것이라고들 했다. 어떤 사람들은, 1973년 투쟁 초기에 유엔 인권 위원회 상임 위원들을 만나기 위해서 제네바로 향하던 북아메리카 인디언 부족 대표단이 르라르자크를 방문해 우리에 대한 지지를 전했던 일을 떠올렸다. 놀랍게도 30년 후에 반대의 연대 상황에 처하였다. 1973년 프랑스 남부 아베롱의 르라르자크에서 투쟁이 있었을 때, 북아메리카 평원에서 왔던 인디언들은 이렇게 말했다. "여러분 농민 투쟁은 정당한 것입니다." 그런데 이제 우리가 그들에게 지지를 보낸다.

농촌 지역은 실제적인 연대 관계를 만들어 낸다. 옛날부터 우리 선조들은 아무런 말없이 그렇게 살았다. 알제리 전쟁은 이 관계를 시험했다. 당시 징집당했던 농민들은 시간만 있으면 그들이 알제리 평원에서 겪었던 고통과 다른 농민들과 맞서 싸울 수밖에 없었던 괴로움을 상기했다. 르라르자크 투쟁에 참여한 많은 이들은, 명분 없는 전쟁을 위해 평원에서 목숨 걸고 싸우는 징집병들과 맞서려고 하지 않았던 아우레스의 카빌리아[1] 목동들을 추모하며 연대의 필요성을 느꼈

다. 전 세계 농민들 사이의 "연대"를 무너뜨리려 했던 과거의
기운이 아베롱의 고원지대 코스에서 다시 나타나고 있다.

카빌리아 농민들에 대한 연대감을 어떻게 나타낼 수 있었는가?

알제리 독립 전쟁에서 카빌리아 농민들은 힘겨운 대가를
치렀다. 그럼에도 불구하고 세력을 잡은 FLN(알제리 민족해
방전선)은 그들을 외면했다. 아랍의 식민지화 이후에 공동체
를 형성하고 그들 나름의 문화와 조직을 지니고 있던 원주민
들은, 토지에 관한 논리를 근본적으로 변화시키고, 국영 농장
을 만들고, 농촌 공동체의 자율성을 인정하지 않는 수직 체
계의 정부에 맞서야 했다. 정부의 정책은 소비에트 식 농업
을 강요했다. 오늘날 베르베르 인들은 실패한 이 시스템에
맞서 봉기했다. 군대의 역할은 분명하지 않았고, 세력을 장악
하려는 특별한 몇 사람의 이익을 위해 학살이 자행될 수도
있었다. 게다가 공모하여 토지를 약탈하기도 했다. 카빌리아
에서의 민중 봉기는 확산될 것인가? 어떤 변화가 있을지 예
상할 수는 없지만, 어쨌든 이러한 제한 상황이 10여 년 동안
지속될 수 없다는 것은 사실이다. 그 체제는 쇠퇴하고, 내부
의 폭발로 종말을 맞이할 것이다.

마찬가지로 중동 지역에서 팔레스타인 인들이 축출당한
것도 극적이었다. 1948년 이스라엘이 국가를 수립하자 팔레

---

1. 알제리 산악 지방

스타인 지역의 농민들은 자신의 땅과 마을에서 쫓겨났다. 오늘날까지 그들은 광활한 올리브 밭을 빼앗긴 채 있다. 점령자들은 먼저 나무를 자르고 마을 주변에 구덩이를 파 주민들을 고립시켰다.

캐나다에 머물 때, 조제 보베는 인디언들과 교류했다.

나는 미주 정상 회담 때문에 6개월 사이에 두 번이나 캐나다에 갔다. 첫 번째는 2000년 9월이었고, 두 번째는 2001년 4월이었다. 2000년 9월에 몬트리올에서 북쪽으로 몇 킬로미터 떨어지지 않은 곳에서 끔찍한 모습으로 살고 있는 하티카멕Hatikameg 인디언의 대표자를 만났다. 캐나다에서 그들의 존재가 법적으로 인정받았다고 하더라도 그것은 이론적인 것에 지나지 않았으며, 그들의 삶의 질은 지속적으로 악화되었고, 고유 문화의 파괴는 심각했다. 영토는 점점 줄어들었고, 산림 벌채는 계속되었으며, 전통적 생활방식은 점차 해체되었다. 보호 지역 내에서, 인디언들은 스스로 선택한 삶을 살아가는 것이 아니라 강제로 재정적인 원조를 받고 있었다.

이듬해 봄에 미주 정상 회담을 위해, 혹은 그것에 반대하여(34개국이 참여한 회담이었고, 쿠바는 제외되었다) 다시 캐나다에 갔을 때, 북아메리카와 남아메리카의 인디언들과 함께 그곳에 모인 캐나다 인디언 주민들을 보았다. 그들은 정상 회담을 방어하기 위해 설치된 벽 앞에 모여 상징적인 힘을 보여 주고 있었다. 이 땅의 원주민의 자격으로 회담에 참여하기를 요구했던 것이다. "우리는 발언할 권리도 없고, 초대받지도 못했지만, 우리의 땅에 대해 말할 것입니다. 우리는 당신들이 만들어 놓은 경계를 인정할 수 없습니다. 우리에게 속한 우리의 영토는 다른 것입니다." 그들은 쫓겨났고, 당연히 회담에 참석할 수 없었다. 그러나 정상 회담에 반대하는 주민들의 항의 집회는 본보기가 되는 조항을 만들었다. 즉, 각 대표단은 퀘벡 지역 휴론 족[1] 인디언들에게 허가를 받아야 하며, 휴론 족 인디언들은 그들을 환대한다는 것이다. 이것은 궁지에 몰린 정상 회담과 마주한 민주주의의 하나의 교훈이다.

나는 에스키모를 보지 못했다. 자연 속에서 살고 있는 사람들 누구에게나 농민이라는 단어를 써야 할지는 모르겠다. 에스키모는 사냥꾼 그 이상이다. 어떤 기후, 어떤 자연에서도, 그곳에 사는 주민들은 각자 고유의 생활 방식을 유지할 수 있어야 하고, 자신이 살아가는 범주 안에서 그것을 개선해야 할 것이다. 우리는 에스키모의 권리가 근본적으로 보호되지 않고, 그들의 영토가 남용되는 한 그들과 굳게 결속할 것이다. 특히 그들의 영토는 해양 석유 시추 작업으로 몸살을 앓았고, 핵탄두를 실은 B52 폭격기의 추락 사고로 사고 지역이 오염되었던 경우처럼 미국의 전략 기지에 의한 오염이 심각했다. 주민을 존중하는 것은 그들의 환경과 발전 양식을 존중하는 것이다.

---

1. 북미 휴론 호 동쪽에 거주하는 인디오.

*

내가 뉴칼레도니아의 북쪽 지방과 섬에서 만난 카낙 원주민
은 토지를 자유롭게 이용하고, 관리하고, 발전시키며, 매우
즐겁게 일했다. 동시에 그들은 자신의 전통적인 문화와 생활
양식을 보존했으며, 종족 전체의 선택에 따라 지역 광산 자
원을 이용하면서 경제적인 재투자를 했다.

　반대로 남태평양 폴리네시아 섬의 마호이 족의 상황은
매우 위태로웠다. 핵무기 발사 기지 설치를 위해, 작은 섬들
의 주민 모두 뮈뤼로아 환초와 팡가타우파 환초에서 일하는
노동자가 되었다. 일이 모두 끝나자 이 임시 노동자들은 버
려졌다. 오늘날 그들은 타이티 주변의 빈민촌에 몰려 있으며,
많은 섬들이 무인도처럼 비어 있다. 전혀 인정받지 못했던
이 땅의 원주민들은 지금 절대 빈곤의 상태에 있다. 이것이
바로 강요된 발전의 가장 해로운 형태이다.

　관광 산업 또한 재난을 증가시킨다. 파페에테[1] 근처 제단
위에 대형 호텔이 들어섰고, 주민들은 그 호텔을 고소했다.
이 사건은 국제인권재판소에 제소되었고, 프랑스 측에 "주민
의 권리 침해"라는 판결이 내려졌다. 그렇지만 국제법에는
범법 시설물을 철거하도록 프랑스를 강제적으로 제재할 권
리가 규정되어 있지 않았다. 그리고 불법적으로 건립된 그
호텔은 원주민들 마음속에 있는 고유의 믿음을 무시하며 계

---

1. 타히티 섬 북서 해안에 위치한 프랑스령 폴리네시아의 수도.

속 번창했다. 호주 원주민들도 덤불숲 지대의 더렵혀진 몇몇 제단을 지켜야 했다.

1995년 핵실험이 재개되자, 첫 번째 실험 후 폴리네시아 인들의 자발적인 봉기가 있었다. 원주민들은 핵실험을 바다에 대한 모독으로 생각했다. 군대는 소위 투명성을 과시하고자 핵실험을 중계했고, 주민들은 텔레비전 화면에서 환초의 중심이 떨리는 것을 목격했다. 주민들은 핵실험을 폴리네시아의 기반인 바다에 대한 공격이며, 그들 자신에 대한 직접적인 침해로 간주했다. 소요 사태는 일주일 정도 계속되었으며, 나는 증언을 위해 참관인 자격으로 거기에 참여했다. 수많은 타이티 주민들이 공항이나 대형 상점 같은 권력을 상징하는 것들을 공격하면서 타이티 빈민촌으로 향했다. 이런 사태가 대도시의 논평에는 "폴리네시아 인의 폭력"이라고 대서특필 되었다. 충격적이었다. 제도적인 폭력이 먼저 저질러졌다는 것은 결코 밝히지 않았다. 하지만 절망에 의한 행위는 반폭력인 것이다.

1960년대 말, 돈 알베르 카마라Don Albert Camara는 『폭력의 악순환』을 썼다. 매우 훌륭한 이 소책자에서 저자는 불공정한 상황, 적대감, 소외에 맞선 폭력은 제도적인 폭력과 같은 본질을 지니지 않는다고 상기시켰다. 오히려 그것은 법적인 것과 무관한 정당방위이다.

견딜 수 없는 부당함에 저항하며 반란을 일으킨 사람들에게 유죄 선고를 내릴 수는 없다. 정당방위 차원의 봉기는 먼저 저질러진 폭력처럼 극악무도하지 않다.

팔레스타인 인과 우리의 연대는 우리를 농민의 명분에서 벗어나게 하지 않았다. 사실 세계화는 평화로운 상황에서처럼 전시에도 그 효력을 나타낸다. 정치적 폭력과 정부의 테러리즘이 농민의 땅을 빼앗고, 하천의 수원을 막아 토지에 물을 대지 못하게 하는 곳에서, 나는 농민에게 손을 내민다. 경제적 폭력, 시장 원칙, 이윤 논리의 희생자인 르라르자크의 한 농부는 농사지을 권리를 주장하며, 소외된 사람들, 즉 중동 지역의 억압받는 사람들과 연대한다.

국민들이 불공정한 힘에 의해 자신의 생존을 확신하기 어려울 때, 그리고 그들이 더 이상 아무것도 생산하지 못하고 생존을 위한 농사조차 포기함으로써 식량 주권을 빼앗길 때, 국경을 넘어서는 전쟁이 시작될 것이다.

15. 평화를 갈구하는 시민들의 무기

미국인들에게 로크포르를 맛보게 한 르라르자크의 한 농민 곁에는 텍사스의 생태 축산 사육자, 비유전자 변형 옥수수와 콩 생산자, 알래스카의 야생 연어 낚시꾼이 있었다. 이들은 마치 사중창단처럼 미국을 일주했다.

사람들에게 둘러싸인 조제 보베는 그들에게 미국의 농민과 유럽의 농민 사이에 대립이 존재하지 않는다는 것과 비산업형 농업 방식을 이해시키려 했다. 그는 미국에도 양질의 생산품이 있다는 것을 알려주려는 농업 단체와 뜻을 같이했다.

미국의 소비자들은 "블루치즈" 소스 맛에 길들어 있다. 블루치즈는 로크포르의 대용품이다. 소비자들에게 진짜 로크포르를 나누어 주자 로크포르에 대한 이미지가 확실히 변하였다. 이 프랑스 전통 식품은 어느 날 규격화에 대항하는 지역 농업의 저항의 상징, 즉 투쟁의 무기가 되어 굉장한 타격을 입었다. 진짜 로크포르를 맛본 미국인들은 치즈 그 이상의 것을 먹었다는 느낌을 가졌다. 그들은 각자에게 자율성을 보여 주었다고 생각한 듯했다. 그들은 각자에게 식생활 방식을 선택할 자유가 있음을 깨달았다.

일반인이 로크포르를 시식하는 것은, 로크포르에 높은 수입 관세를 부과했던 미국 행정부를 조롱하는 일이었다. 나는 내 자신을 수취인으로 하는 방법을 써서 이 치즈 덩어리를 관세 없이 미국으로 반입했다. 이것은 호르몬제를 사용한 쇠고기 수입을 거부했다는 이유로 프랑스 농산물에 높은 관세를 매기면서 연방 정부가 보여 주었던 독단적인 보복 의지를 사람들에게 알렸다는 점에서 상징적이었다.

텔레비전 뉴스에서는 덤핑, 가격 하락, 과잉 생산에 항의하기 위해 거리로 뛰쳐나온 농민들의 시위 모습을 논평하기 위해 기록 영상을 지나치게 남용했다. 과일을 실은 덤프트럭, 내던져진 채소들, 길에 쏟아져 있는 아티초크[1]와 사과를 보고 사람들은 충격을 받았다. 일반인들은 그 모습을 보고 전 세계 인구의 4분의 1이 기아 상태이며, 부국에서도 일부 하층민들이 무료 식사 제공소에서 끼니를 때우고 있는 지금, 그런 행동은 불필요하고 옳지 못한 낭비라고 생각했다. 남아도는 농산물을 어려운 사람들에게 나누어 주지 않고 왜 길에 쏟아 부어야만 했는가?

물론 먹을거리를 파괴하는 광경은 용납될 수 없다. 그렇

---

1. 지중해 연안이 원산지인 국화과 식용 식물

지만 시위를 하는 농업 관련 산업의 주동자들, 즉 우리가 과
소평가했던 농업 노동자들, 농부라는 직업을 잃어버린 사람
들에게는 책임이 없다. 감정을 폭발시킬 수밖에 없었던 농민
뒤에는 그들을 위해 기꺼이 수고하는 체 하는 사람들이 있었
다. 그들은 단체를 이끌고 재난을 당한 농민의 절망을 이용하
여, 우리가 앞서 분석했던 것처럼, 가난한 사람들에게는 돌아
가지 않을 지원금이라는 뜻밖의 행운을 얻어낼 것이다.

10년 전만 해도, 우리는 0.5% 정도를 제외하고는 내수 시
장이나 해외 시장에서 필요한 이러저러한 생산품의 총생산
량을 확보하고 있었다.

무엇이든 경작한다고 다 되는 것은 아니다. 원산지 표시
규정(AOC)에 있듯이, 수목 조성 대장이나 포도 재배 토지 대
장을 공들여 만드는 것도 중요하다. 그렇게 하면 사람들은
어떤 것이 생산성이 있는지 알 수 있다. 값에 상관없이 생산
량 전부를 시장에 내놓고 싶어 하는 사람들은 현실적으로 사
회가 요구하는 것만큼만 생산하는 데 만족하지 못한다. 유럽
연합 내에서 각국의 생산 할당제를 수립하지 않는다면, 적어
도 수요의 근사치를 평가할 수 있는 공동시장기구(OCM)를
확립해야 할 것이다. 그러나 이러한 생각을 진전시킬 수 있
는 어떤 구체적 방안도 없다는 것이 현실적인 문제이다. 그
대신 채소나 과일 재배에 공적 지원금이 제공되었고, 동시에
퇴직 연금 정책이 만들어졌다.

지금 일부 농업 관련 기업은 실제로 이러한 문제의 중요
한 요인들을 제어하거나 조절하는 방법을 찾으려 하지 않는

다. 많은 나라에서 사람들은 공적 지원금을 이용하여 생산하기 때문에, 수요에 맞게 공급하려 하지 않는다. 그들은 마키아벨리적인 계산을 한다. 즉, "우리가 대량 생산을 하면 농민에게 지불되는 가격을 마음대로 할 것이고, 그러고 나면 잉여 생산물을 없앨 것이다. 결국 우리는 구멍을 막기 위해 농산물의 가격 유지에 대해 협상할 것이다."

어떻게 할 것인가? 공동시장기구 내에서 "채소와 과일" 관련 산업이 제자리를 찾게 해야 하며, 잉여 생산물을 처리하기 위한 수출 경쟁을 거부하고 식량 자급의 요구에 답해야 한다.

때로 농식품 산업은 시장을 조절하기 위해 인도주의적 원조라는 방법을 택하기도 한다. 그들이 손해없이 계속 생산하기 위해 잉여 농산물을 원조하도록 내버려 두어서는 안 된다.

*

우리는 자유, 불가침의 시민권, 생물의 상업화를 지배하고 배후에서 조종하는 제도적 폭력을 규탄한다. 그러나 폭력에 폭력으로 대응하는 대신 매우 상징적인 행동으로 여론을 움직이고자 하며, 민주적인 논쟁과 평화적인 토지의 점거를 실천하고, 연대의 끈인 협동조합의 힘을 시험하면서 최대의 효과를 얻으려고 한다.

조제 보베를 따라, 새로운 행동 방식을 경험할 수 있다.

○ 시민의 불복종

공동농업정책의 개혁 일정을 앞당기기 위하여, 납세자인 시민들은 법률적인 압력을 가할 수 있다. 우리는 프랑스가 브뤼셀에 쏟아 부었던 분담금이 제대로 사용되고 있는지 확인하고, 브뤼셀에 위탁한 예금 계좌의 지불 정지를 생각해 볼 수도 있다. 이것은 단지 납세 거부가 아니라, 공동농업정책의 개혁을 2006년까지 미루지 않도록 세금과 공동농업정책에 내야 하는 분담금을 구분하려는 의지이다. 그러한 결정은 일종의 시민의 불복종이다. 30년 전에 르라르자크 사건에서 우리는 그러한 수단을 동원했다. 우리는 우리가 낸 세금의 3%가 군사 기지 확장에 사용된다고 설명하면서, 이 3%의 세금을 내지 말라고 사람들을 부추겼다. 이 일은 상징적이었으며, 우리는 대신 양 우리를 만드는 데 필요한 자금을 조달하기 위해 르라르자크에 돈을 보내달라고 요구했다. 그러나 르라르자크에 돈을 보낸 사람들은 납세 거부로 기소되었다. 시민이 세금의 사용처까지 결정할 권리가 없다는 이유였다. 그런데 소송을 거듭하면서 새로운 상황이 발생했고 납세 거부의 움직임은 확대되었다. 그것은 세금을 합당하게 사용하도록 하는 중요한 압력 행사 방법으로, 1999년 베를린 조약 이후 유럽 의회의 관리 하에 행해졌던 농업 감사 내용에 대한 우리의 즉각적인 요구와 비교된다. 2003년부터 각국은 개

혁을 목적으로 유럽 대표의 감시하에 관련 기관에서 이루어
놓은 논쟁의 결과를 바탕으로 4국 의회의 의견을 수렴하여,
그 내용을 바탕으로 대차대조표와 보고서를 만들 것이다. 종
점을 향한 여정의 중간인 지금이야말로 앞으로 나아가야 할
시간이다.

○ 투표용지가 영향력을 가진다. 설득을 위한 무기가 아니겠는
가?

　2002년 3월, 농업 박람회에서 대통령 선거 후보자들이 조
합 대표들의 전시장에 몰려들었다. 우리는 농촌에서 농민의
투표용지가 지니는 힘을 시험할 기회를 얻었다. 그것은 강력
한 압력 행사 방법이었다. 우리는 프랑스 정치인들에게 공동
농업정책의 개혁 일정 추진, 지원금에 관한 협상, 공동시장기
구, 이미 특혜를 받은 농장에 이익이 되는 경작지 협정 초안
의 수정에 관한 결단을 촉구하면서 그들의 입장을 표명하도
록 했다. 우리는 방문자들에게 힘주어 말했다. "여러분은 어
떤 구체적인 약속을 하겠습니까? 이러한 제안을 추진하기 위
해 어떻게 하시겠습니까? 여러분이 회피한다면, 우리는 우리
와 함께하지 않을 대통령 후보와 국회의원 후보에게는 표를
던지지 말라고 호소할 것입니다."
　농민들이 열의를 보이자 후보자들은 그들의 목소리에 관
심을 가지기는 했지만, "이해합니다," "저는 프랑스의 균형
있는 농업 발전을 위해 일하는 사람입니다" 같은 그저 모호

한 약속과 감언이설만을 늘어놓았다. 농업경영자조합 전국
연합은 현상 유지를 위해 애썼고, 후보자들은 다음 투표일까
지는 신뢰를 떨어뜨릴 만한 어떤 일도 하지 않았다. 공동농
업정책의 개혁은 국정의 중요한 목표였지만, 우리는 누구의
마음도 움직이지 못하고, 어떤 약속도 하지 못하는 허울뿐인
슬로건만을 손에 쥐었다.

우리는 다른 무기를 가지고 투쟁을 계속해야 했으며, 선
거를 넘어서 구체적이고 지속적으로 영향을 미치는 납세 거
부 같은 적절한 방법을 사용해야 했다.

○ 최근의 농업 박람회에서 어떤 교훈을 얻었는가?

놀랍게도 정치가들은 점점 농촌 사회의 현실과 단절되어
간다. 그들은 농업 관련 기업의 진열장과 스크린만을 본다.
반대로 국민은 양질의 생산을 확립하기 위하여 진정한 농촌
의 본질과 고용 유지에 점차 더 많은 관심을 가진다. 농민 박
람회나 소비자 박람회가 열릴 날이 그리 멀지 않은 것 같다.
농민과 시민의 직접적인 접촉이 바로 미래의 무기이다.

우리는 2001년 11월 중순 카타르에서 열렸던 협상[1]에 대
한 프랑스 정부의 약속을 헛되이 기다리고 있었다. 1992년과
1999년의 공동농업정책 개혁은 WTO가 결의한 규칙에 동조

---

1. 2001년 11월 14일, 카타르 도하에서 열린 WTO 제4차 각료 회의에서 새로운
   다자간 무역 협상 체제인 도하 개발 아젠다(DDA)가 출범한다.

하며, 국제적 차원에서 WTO의 요구를 반영하였을 뿐이다. 대정부 질문이 있었고, 정치가들은 속으로는 어떻게 생각하는지 몰라도 농업 문제와 관련해 WTO에 맞서 이렇게 말할 각오는 되어 있었다. "유럽 내부 정책은 WTO를 고려하지 않습니다. 유럽 시민의 중대한 관심사는 유럽 안에서 그것을 논의하는 것입니다. 즉, 우리의 농업 정책은 WTO의 논리를 벗어나 있습니다." 이것은 덤핑과 수출 지원금이라는 악순환을 거부하는 것이다.

○ 법에 호소하기

우리는 프랑스 법률에 의거해 동물성 분말 사료를 구매하고, 불법 유통시킨 기업의 명단을 포함한 자료를 법무부 사무국장에게 제출했다. 소송 사건은 진행되지 않았다. 속임수를 쓰는 사람이나 환경을 오염시키는 사람에 대해 법적인 처분을 요구하는 일은 당연한 행위이지만, 이 예는 시민의 권리가 이중 잣대를 지닌 법과 어떤 점에서 대결하고 있는지를 잘 보여 준다. 맥도날드 사건이나 유전자 변형 콜자 재배지를 망쳐놓은 사건이 일어났을 때, 법은 지체 없이 이러한 사태를 이끈 주동자를 뒤쫓아 그들에게 유죄 판결 — 때로 투옥까지 — 을 내렸다. 그러나 한편으로 최악의 상황에 몰린 축산업이나 공공 건강의 잠재적인 재난을 책임지고 있는 사람들에 대해서 법은 전적으로 관용을 베풀었다. 이러한 모순은 위선이며, 파렴치한 태도이다. 1996년, 기업들은 1990년과 1991년 이후에 법을 위반하며 동물성 사료를 수입하지 않았다고 했지만, 우리는 132개의 기업이 공공연하게 영국으로부터 동물성 분말 사료를 수입했다는 사실을 보여 주기 위해 세관에 서류를 훔치러 갔다. 그리고 심각한 위법 사실을 알리기 위해 2000년 12월에 법무부 한 부서에 이 자료를 제출한 적이 있다. 따라서 법무부는 "모르는 일입니다"라는 말로 일관할 수는 없다.

1996년 봄 낭트에서 페티옹-Pétillon 판사에게 제출했던 고소장은 무엇인가? 트럭을 통제했던 세관 조합원들은 동물성 사료의 거래를 막을 책임이 있었던 것은 아니었으므로, 그저 상품의 유통 내용만 기록했다. 이 위험한 원료로 돈을 번 기업들은 오늘날 더 번창하고 있다. 그 기업들은 소 사육에서는 손해를 보았지만, 가금류나 돼지고기의 소비 시장 증가로 상당량의 돼지나 가금류 사료를 팔아 이익을 남겼다. 기회주의적인 기업들은 단 한 푼도 손해를 보지 않았으며, 오히려 자신들의 이윤만을 증대시켰다.

그렇기 때문에 우리는 소송을 했고, 모든 세관 자료를 판사에게 넘겼다. 농업부 장관도 그것에 대해 잘 알고 있었다. 그러나 예심은 아직도 끝나지 않았으며, 틀림없이 중단될 것이다. 왜냐하면 1996년부터 지금까지 문제가 있다는 증거를 어떻게 찾아낼 것이며, 동물성 사료가 엄격히 금지된 오늘날 기업 내에서 어떻게 위법 사실을 파악할 수 있을까 하는 이유 때문이다. 법은 불법 행위자를 처벌하는 것이 아니라, 집단의 이익이 위협당하는 상황에 맞서 법적인 저항을 하는 사람들을 처벌한다. 마치 위기를 책임져야 하는 사람들에 대한 보호 조치가 있는 것처럼 의회는 설대 소송까지 이르게 하지 않을 것이다. 위기의 책임자들은 결코 벌금을 내지 않으며, 고기를 살 때 광우병 테스트 비용을 지불하는 사람은 바로 소비자들이다. 보건부 장관과 환경부 장관은 법무부 장관에 게 "환경을 오염시키는 사람들이 결과를 책임져야 한다"고 분명하게 말해야 하지 않겠는가?

○ 경작지에서의 무단 거주

합법적인 경작지를 가지겠다는 한 가지 목적으로 버려진 토지를 불법적으로 점거하는 것은 시민 사회의 지원을 받을 수 있는 행동 방식이다. 우리는 2002년 4월, 한 목동과 그의 아내가 르라르자크 고원에 정착하도록 도와주었다. 그곳은 그의 증조부가 소작을 했던 곳이다. 조합 책임자들, 지방 의 회 의원, 이웃들이 지지한 이 무단 거주는 땅에서 일할 권리 를 인식하게 하는 데 본보기가 될 만했다. 도움을 청할 곳도 한 군데 없는 막막한 상황에서, 토지의 실제 점거는 토지 취 득이라는 전제 조건을 피하면서 토지의 "동파 현상"을 막고, 땅을 계속 경작할 수 있게 해준다.

유전자 변형 농산물 소송을 원고에게 되돌려 보내 없었던 일로 할 수 있는가? 예를 들어, 만일 유전자 변형 작물을 뽑아내지 않고 야외 시험 재배지에서 재배하고 있다는 것을 확인한다면, 여러분은 국민에게 전

해질 잠재적인 위험에 대해 소송을 하지 않을 수 있겠는가?

문제는 오늘날 유전자 변형 농작물 시험 재배 허가 부서가 분자생물위원회(CGB)보다 상위에 있기 때문에, 시험 재배가 법적 테두리 안에서 이루어진다는 점이다. 법정에 고소할 수는 있으나 행정 절차가 지연될 것은 뻔한 일이다. 유전자 변형 작물 시험 재배지를 찾아낼 때마다 우리는 위급 상황에 빠지게 되며, 그 위치를 알아내는 일은 쉽지 않다. 왜냐하면 코뮌에서 시험 재배를 할 때, 우리는 어떤 기업이 어떤 성격의 시험 재배를 하는지 시장에게 질문하지만, 그는 토지 번호와 소유주 이름이 담긴 봉투를 감추고 알려주지 않는다. 보건 위생 확립이라는 이유로, 누구나 알아야 할 정보가 순환되지 않는 것이다. 법체계는 비상식적이고, 재판관들은 그런 법만을 의지하고 있다. "지구의 벗들Amis de la Terre"은 시험 작물 재배지가 어디인지, 그들이 무엇을 얻어냈는지 일반 국민들도 알아야 한다고 요구하면서 "시민의 알 권리 방해"에 대해 소송을 하려 했다. 이것은 판례가 될 수 있다. 유전자 변형 작물 파종에 대해 소송을 할 수 있게 됨에 따라, 오염 위기에 대처하기 위해 매번 결정적인 순간에 작물 재배지에 무력을 행사하지 않아도 됐다. 그러나 프랑스 법체계에서 사건을 접한 판사는 이런 말만 되풀이할지 모른다. "잠재적인 위험을 다룬 법이 없는 한, 우리는 문제의 가능성만을 가지고 판결하지 않습니다."

그러나 영국에서 법의 기능은 다르다. 이러한 종류의 사건을 판결하는 경범 재판소는 일반 배심원들과 타협할 수 있다. 2000년, 15-16명의 그린피스 운동원이 시험 작물 재배시를 파괴한 혐의로 법정에 출두했다. 대부분의 재판관은 공동체나 재배지의 환경에 잠재적 위험이 있다는 가정 하에, 사유지를 포함한 시험 재배지의 파괴가 처벌받을 만한 것이 아니라고 판결했다. 이 판사들은 여론을 수렴하여, 시험 재배를 인정한 토지 소유주의 개인적인 이익보다 공동체의 이익이 우선한다고 판결한 것이다. 2000년 11월 8일 프랑스에서 처음으로 오슈의 경범 재판소가 유전자 변형 농작물 지지자들을 따르지 않고, 유전자 변형 옥수수를 뽑아낸 사람들에게 벌금 3,000프랑에 집행유예를 그리고 몬산토 사에 1프랑의 손해배상을 하라는 판결을 내렸다. 우리는 야외 시험 작물 재배지 금지를 위해 우리의 방법으로 계속 투쟁할 것이다.

○ 소비자의 결집

시민운동 단체는 생산자와 소비자를 연결하는 견인차 역할을 한다. 시민운동 단체는 자유로운 선택을 보장하기 위해 지속적인 활동을 했다. 그러나 그들이 주도하는 일시적인 보이콧은 영향력에 한계가 있었다.

"코메르스 에퀴타블Commerce équitable," 즉 "공정 무역"은 70만 명의 회원이 참여하고 있는 시민운동이다. 대안 무역 운동이라 할 수 있는 "공정 무역"은 제3세계의 소규모 생산자들에게 정당한 노동의 대가를 돌려주는 것을 지향한

다. 소비자들이 생산품의 부가가치 비용을 부담함으로써 제3
세계 생산자들의 삶을 보장해 줄 수 있다. 커피를 예로 들면,
우리가 대형 마트에서 커피를 사면 커피를 생산한 소농들을
지원하게 된다(이것은 소액의 기부금이 아니라, 우선 소비 행
위이다). "공정 무역" 조직망은 미래를 위해 일한다. 그들은
공정 무역 헌장을 만들어 프랑스 차원뿐 아니라 유럽과 국제
적 차원에서 연맹을 조직하고 있는 중이다. 그들은 시장의
논리, 특히 농업 생산과 관련된 또 다른 원칙을 확립하기 위
한 진정한 시민운동을 표방한다.

첫 번째 효과는 농민에게 노동의 대가를 돌려주고, 생산
자의 총생산비를 보장하는 것이다. 이러한 조직망에 속한 커
피 생산 농민들은 세계 커피 시장 평균 가격보다 40% 높은
가격을 받는다.

두 번째 효과는 생산을 안정되게 정착시키고 발전시키는
보조적인 기능이다. 협동조합을 조직한 그룹은 자신의 생산
품 판매를 담보로 대출을 받을 수 있다. 우리는 그들에게 "여
러분에게 더 비싼 값을 지불하므로, 요령 있게 처신하세요"
라고 말하는 것이 아니라, 그들이 자신들의 활동을 체계화하
고 더 많은 투자를 할 수 있도록 계약금을 주어 그들의 수익
을 보장하는 것이다.

세 번째는 조직망을 통하여, 관심 있는 지역의 농민들이
"공정 무역"에 가입할 수 있도록 최대한의 도움을 주는 것이
다. "공정 무역" 조직은 품질 보증서에 준거하여 소외될 수
있는 주변의 사람들을 희생시켜 몇몇 사람들에게 독점적인

생태적 지위를 제공하지 않도록 주의해야 한다. 이 운동은 상점에서의 구매 행위에 한정되는 것은 아니다. 상품을 구매하는 지역에서 이루어지는 노력이 지속적인 지역 발전을 가능하게 하는 것이다. 소비자는 소비 행위를 통하여 멀리 떨어진 지역이 균형을 이루고 그 가족 전체가 잘 살 수 있도록 기여한다. 단순히 고객이었던 소비자는 "행동하는 소비자"가 된다. 소비자는 자신의 소비 행위를 통해 사회적 발전 과정 전체에 영향을 미칠 것이다.

남반구 국가에서 생산된 커피로부터 시작된 "공정 무역"을 통해, 우리 온대 지역 농민과 그들의 관계는 점차 발전할 것이다. 한편에는 막스 하벨라르Max Havelaar[1] 커피를 사는 소비자가 있고, 다른 한편에는 유럽 농민 조직망에 속한 농산품이 있다. 이 운동은 남반구이든 북반구이든 양질의 상품과 농민 노동에 대한 정당한 대가 지불을 중요시한다. 또한 바나나, 차, 몇 가지 과일 등 다른 생산품으로 조직망을 넓히기 위한 협상이 진행 중이다. 상품의 종류를 늘리고 유통 책임자에게 압력을 행사한다. 이 운동은 연대를 나타내는 구매 행위를 통해서만 이루어지며, 이러한 상품을 판매하지 않는 상점에 압력을 행사하기도 한다. "일주일 내에 물건을 가져다 놓지 않으면, 다른 가게로 가겠어요. 당신 가게는 원칙을 지키지 않기 때문에 다른 곳에서 식료품을 구입할 것입니

---

1. 1986년 멕시코의 소규모 커피 생산자들이 유럽 시민단체에게 정당한 가격으로 커피를 구매해 달라는 서한을 보냈으며, 네덜란드 시민단체가 이 요청에 답하면서, 1988년 '막스 하벨라르 협회'가 탄생했다.

다." 이 운동은 어린이를 고용하고, 임금 조건이나 조합의 권리를 무시하는 작업장에서 만들어진 섬유, 옷 등의 생산품에 대한 "윤리적 무역"과 연결된다. 우리는 "윤리적 상표"를 생각할 수 있다. 프랑스에서 사라질 위험에 놓인 양질의 생산품에 이러한 공정 무역 논리가 적용되기 시작했다.

"레 쟈르댕 드 코카뉴Les Jardins de Cocagne"라는 이름의 채소 직거래 조직은, 도시 근교에서 매달 일정 금액을 지불하는 가정에 매주마다 유기농 채소가 가득한 바구니를 배달하면서 확립되었다. 이 조직망은 재정 지원을 받아 소외된 사람들의 재활 프로그램을 바탕으로 유기농 채소 재배 지역을 만들었다. 예약 주문을 받아 채소의 직접 공급망이 만들어지고, 그 수익의 전부가 사람들의 사회 복귀와 조직망 안에서 그들의 일자리를 만들어 내는 데 사용된다. 이 운동은 경제적 비전, 삶의 질에 대한 비전, 그리고 고용과 관련된 사회적 비전과 연결되어 있다.

퀘벡에도 소농장을 살리기 위한 이와 유사한 조직이 있다. "에퀴 테르Equi Terre"라는 예쁜 이름의 이 조직은 "에퀴테équité"(공평성)처럼 들린다. 에퀴 테르를 통해 소규모로 채소를 재배하는 농민들과 퀘벡에 사는 많은 가정이 연결되어 있다.

이러한 종류의 체험은 단지 남-북 관계에만 연관된 것이 아니라, 북-북의 관계에도 적용된다.

피에몽 지방의 옛 수도원에 자리 잡은 한 단체는 새로운 음식 문화를 전파하고 있다. 그것은 "슬로우푸드"라 불리는 것인데, "패스트푸드"와는 다른 차원의 것이다. 그것은 이탈리아에 맥도날드가 자리 잡지 못하게 하는 데 큰 영향을 미쳤다. 로마에도 같은 유형의 운동이 있었고, 베니스에도 마찬가지였으며, 그 선두에는 모리스 베자르Maurice Béjart가 있었다. 미요 사건을 처음부터 지지했던 안무가이며, 내가 투옥되었을 때, 빌네브-레 마그론느에서 보석금을 내겠다고 편지를 보낸 사람들 가운데 한 명이었다. 더 젊었더라면 베자르 자신도 이 운동에 동참했을 것이다. 몽펠리에에서 재판이 있었을 때, 그는 모임을 통해 재판에 참석하기도 했다. 이것은 각계각층의 사람들이 미요의 행동을 이해하고 있다는 것을 잘 보여 준다.

나는 지난해 농장을 찾아온 "슬로우푸드" 지도자들을 만났다. 나는 그들의 노력이 사람들에게 음식과 요리의 문화적인 측면을 인식시키는 데 공헌한다고 생각한다. 시애틀에서 정상 회담에 반대하는 시위를 하면서, 우리는 세계의 농산물로 직접 만든 음식을 시식하는 식탁을 차렸다. 다양한 지역과 문화의 세계인들은 서로의 강한 유대에 더 높은 가치를 부여할 때 더욱 가까워질 수 있을 것이다.

16. 농업은 휴머니즘이다

조제 보베는 젊은 시절 무정부주의 사상을 지녔으며, 그의 행동은 언제나 적극적이었다. 농업을 재건하는 것은 농업을 사회에 복귀시키는 것이다.

　무정부주의 사상이라면 으레 검은 깃발이나 폭탄 설치를 떠올린다. 무정부주의자는 사상가이며, 사회에 대해 본질적인 질문을 던진다. "우리가 전제적인 세상을 건설했는가, 아니면 그 반대인가?" 대답을 찾으려는 노력은 제1인터내셔널[1]에 대한 열정적인 논쟁과 갈등을 낳기도 했다. 푸르동Joseph Proudhon[2]은 프랑스 최초의 무정부주의 사상가이다. 그는 마르크스에 의해 비판받고 잊혀졌지만, 프랑스 협동조합 운동의 창시자이기도 하다. 또 한 사람의 무정부주의 사상가인

---

1. 국제 노동 운동 조직으로, 정식 명칭은 '국제노동자협회'이다.
2. 1809-1865. 무정부주의 철학을 이론화한 프랑스 사상가.

엘리제 르클뤼스El, Eliseé Reclus¹라는 이름은 프랑스 지명에까지 남아 있다. 사실 프랑스 어떤 도시를 가나 엘리제 르클뤼스라는 이름이 하나 정도는 있다. 인문 지리에 관한 그의 관점은 개인과 집단, 그리고 그 둘의 화합을 기초로 한다. "무정부주의는 질서의 가장 고귀한 표현이다"라는 슬로건은 앞서 말한 무정부주의자로부터 유래한다.

그들은 사회와 무관하게 살아가는 것이 아니라, 계급 권력 체계를 기반으로 하지 않는 사회를 건설하며, 그 사회에서는 각 개인이 다른 사람의 자유까지 책임을 진다. "나의 자유는 다른 사람의 자유를 침해하는 곳에서 멈춘다"는 공화국의 옛 격언과는 반대로 무정부주의자들은 "다른 사람이 자유로워질수록 나도 자유로워진다"고 말했다. 나는 타인의 자유는 곧 나의 자유라는 놀라운 사상을 발견했다. 내 앞에 있는 사람이 새로운 권리를 얻었다면, 나는 이전보다 더 많은 권리를 누리게 된다. 이러한 개인 문화는 개인 간의 상호 작용이 아니라 오직 공존만을 기반으로 한다는 제한적인 관점에 반대한다. 만일 "나의 자유는 다른 사람의 자유가 시작되는 곳에서 멈춘다"는 원칙을 고수한다면, 우리는 장벽을 치고, 이웃과 다투며 저마다 자신의 자유를 지키려 할 것이며, 결국 전쟁에 이를 것이다.

무정부주의 사상은 절대 허무주의가 아니다. 우리는 그것이 모든 체제와 조직을 거부한다고 잘못 알고 있다. 나는

---

1. 1830-1905. 프랑스 무정부주의 지리학자.

결코 전 세계에서 국가 간의 제도를 폐지해야 한다고 주장하는 것이 아니라, 그 제도가 집단만큼이나 개인의 인권을 존중해야 한다는 것을 말하는 것이다.

1936년 이전에 스페인에서 일어난 주목할 만한 노동 운동인 CNT[1]는 모든 수직적 권력 체계에 대한 비판으로부터 시작되었으며, 도시보다는 농촌에서 발전했다. 우리는 스페인 내전에 대해서는 자주 언급하지만, 스페인 혁명에 대해서는 그리고 1936년에서 1939년 사이에 농촌에서 무슨 일이 일어났는지에 대해서는 말하지 않는다. 그것은 농민 스스로 이루어낸 집단의 경험, 토지 관리, 농촌 공동체이다. 그런데 재미있는 것은 이러한 무정부주의 사상을 사파타의 계획에서도 찾을 수 있다는 것이다. 오늘날 마르코스의 사파티스타 운동도 같은 맥락에 있다. 러시아에서 제정 러시아에 반대하며 유사한 농민 운동이 일어났지만, 후에 붉은 군대가 그들을 와해시켰다. 그러나 우크라이나의 반은 스스로 조직을 형성하고 연맹을 결성한 농민들의 농촌 공동체에 의해 해방되었다. 그들은 황제파에 대항해서도, 혁명파에 대항해서도 싸웠으며, 이 운동의 지도자는 1934년 르발루와-페레에서 생을 마감했다.

농촌 지역은 전제적이지 않은 마을 공동체 조직의 전통을 지니고 있다. 그 전통은 역사적으로 보면 지구의 반대편에서, 선구자들이 서로 어떤 연락도 주고받지 않았음에도 불

---

1. 스페인 아나코 생디칼리스트 노조, 전국 노동 총연맹.

구하고 같은 모습으로 표현되었다. 왜 농촌에서는 여전히 무
정부주의를 실천하는가? 농촌 문화는 무엇보다 나눔의 문화
이다. 농민은 그들 스스로 토지를 동등하게 분배했으며, 기계
화 이전에 기본적인 농사 지식을 가지고 자신의 힘으로 일굴
수 있는 땅만을 필요로 했다. 노동 가능한 날, 가족 구성원의
수, 도움을 주거나 부양해야 하는 수에 따라 계산을 해보면
된다. 러시아, 멕시코, 세계 어디에서나, 또는 1789년의 프랑
스에서도 연대와 동등한 분배의 전통이 있었다. 이러한 농촌
문화 속에서, 농민들은 필요한 농작물을 충분히 생산했는데,
거기에는 소유권 획득이나 독점보다 우세한 분배의 개념이
존재했다. 러시아에서 농민 운동이 완전히 와해되었던 것은,
그리고 스탈린이 1931년에서 1934년 사이에 우크라이나 대
기근 — 소련 정권의 의도된 기근 — 과 함께 농민들을 제거
해 버리고자 했던 것은 통치 의지에 정면으로 대립하는 농촌
공동체 형태 때문이었다.

**마르크스가 세계의 노동자 편이었다면, 푸르동은 세계의 농민 편이었
다. 우리는 역사의 보복을 목격하는 것이 아닌가?**

전 세계가 깨어나면, 농촌에서의 평등한 분배 정신이 이
루어질 것이다. 비아 캄페시나Via Campesina[1]를 통해 전 지
구의 농민 연합은 사람들이 살고 있는 땅에서 뿌리내린다는

---

1. 농민의 길. 1992년 벨기에에서 창설되어 현재 세계에서 가장 큰 농민 연합으
로, 90개 나라의 농민 조직이 참여하고 있다.

목적을 지닌 저항 운동을 구체화하고 있으며, 그들의 땅을 살리고자 한다. 이 운동은 경제와 개인의 삶을 새롭게 정의 하는 상징적인 방식이다. 국제 조직의 필요성을 거부하는 것이 아니라, 앞서 말했던 기본을 존중한다는 조건이 선행되어야 한다는 것을 주장하는 것이다. 현실에 대한 환멸과 절망에도 불구하고, 자신의 운명을 다시 책임지려는 개인의 열망을 바탕으로 한 사회의 재생은 마침내 역사적인 농촌 문화의 연장선상에 있는 세계 농업 공동체를 탄생시킬 것이다.

농민의 투쟁은 지역적이며 전 지구적인 새로운 시민권을 구현한다. 시민 사회가 농민 운동이라는 투쟁 속에서 서로 만날 수 있는 것은 농민들의 주장이 농민에게만이 아니라 도시인에게도 호소하는 보편적인 것이기 때문이다.

농민은 땅만 일구는 것이 아니라, 인간의 가치도 함께 일구어 낸다.

농민이란 직업은 철학적 가치를 지닌 자연, 그리고 세계와의 진실한 관계를 이끈다. 나는 농민 전체를 세계와의 이러한 관계에서 떼어 놓으려는 생산주의 시스템을 규탄한다. 그것은 생물학적 균형, 환경, 지하수, 그리고 사회관계에 나타날 결과에 대해 염려하지 않으며, 농민에게 기술적 책임만을 강요한다. 그것은 이웃을 죽이는지 어떤지 상관하지 않고 성장에만 목을 맨다. 농민이라는 직업의 인간성을 말살하는 것은 연대를 깨는 일이다. 한 농민이 개인주의자로 변하는 것보다 더한 비극은 없다.

농업 정책에 대한 논쟁을 넘어서, 농업은 휴머니즘이다.

17. 어린이들에게

농업을 어떻게 가르칠 것인가

2001년과 마찬가지로 2002년에도 "가족과 함께 프랑스에서 가장 큰 농장을 보러 오세요"라는 주제로 미디어를 통해 농업 박람회 캠페인을 했다.

우리는 농업 교육이나 농촌 현장 학습을 하지 않는다. 디즈니랜드가 있듯이 일 년에 한번 애그로랜드Agroland가 세워진다.

여기에서는 기록과 성적을 겨루고, 가장 크고 좋은 품종의 소들과 기계화를 과시하며, 농촌 경관을 배경으로 무대 뒤에서는 계약서에 서명을 하며 바쁘게 농업 관련 거래가 이루어진다. 황소를 데리고 온 사육업자는 일찌감치 400두의 종우를 팔았다.

농민의 문제를 보다 잘 이해하기 위하여 박람회장을 찾은 도시인들은 여전히 땅의 현실로부터 소외되어 있다.

초등학생들이 프랑수아 뒤푸르의 농장을 방문하면서 농촌은 다시 현실과 관계를 맺는다.

2001년 3월 말, 프와시의 한 고등학교에서 70명의 학생들이 우리 농장을 방문했다. 마그레브를 비롯해 여러 곳에서 온 청소년들이었다. 그들은 농업 기술 과정 때문에 온 것이 아니라 농장을 새롭게 배우기 위해 왔다. 내가 농장에서 하는 작업에 대해 15분 정도 설명을 하자, 아내 프랑수아즈가 준비해 둔 리올레[1]를 가져왔다. 아내는 한 사람씩 커다란 접시에 리올레를 담아 주었고, 그들은 사과 주스, 시드르(사과주), 암소 젖과 함께 그것을 먹었다. 모로코에서 온 아이들은 우유를 병째 500ml나 마셨다. 그들은 트랙터 위에서, 말을 타고, 또 송아지의 고삐를 잡고 사진을 찍었다. 농장은 아이들의 마을이 되었다. 그들은 농장에서 2시간 정도 머문 후에 과수원을 방문했다. 나는 가는 곳마다 직접 만져 보고 실습하는 것이 얼마나 중요한 지를 강조하면서 전문적인 내용을 설명했고, 그들을 정신없게 만들었다. 또한 아이들에게 나무심기, 꽃피우기, 수확일, 가지 치는 날, 나무 보호하기 등에 관해서도 설명해 주었다. 아이들과 함께 온 교사들은 이 방문이 매우 감동적이었다고 나중에 나에게 말했다. 교사 두 분은 나를 불러 직접 감사하다는 뜻을 전하기도 했다. "짧은 시간에 학생들에게 정말 많은 것을 가르쳐 주셨습니다." 그리고

---

1. 쌀, 우유, 설탕을 넣고 끓인 요리

아내와 내가 다음 번 농장 견학 일정을 질문하자, 오히려 그
들은 "농장에서 하루 종일 지낼 수 있겠습니까"라고 되물었
다.

　이렇게 해서 우리는 농장이라는 한 공간에서 어울리며,
자연과 어울려 사는 농민들과 학생들 사이의 관계를 발전시
켰다. 나는 모로코에 애정을 가지고 있기 때문에, 알코올 음
료인 시드르가 싫다고 대신 우유를 마셨던 두 명의 어린 베
르베르 인이 한 말을 특히 귀담아 들었다. 아이들은 내게 이
렇게 말했다. "야영을 할 수 있다면, 여름에 여기에서 며칠 머
무르고 싶어요." 그들은 광우병, 아프타열, 텔레비전에서 본
도살당한 양들에 대해 질문하기도 했다. "병든 가축들을 그
냥 치료할 수는 없나요?" 또는 "아저씨도 가축이 병들면 죽
이거나 태울 건가요?" 질문을 받은 우리는 매우 깊은 인상을
받았다.

　이러한 교육에는 여러 가지 단계가 있다. 우선 농장, 그리
고 범위를 넓혀서 한 마을을 방문할 수 있으며, 마지막으로
지방 전체를 돌아볼 수 있다. 다양한 방법의 접근이 가능하
다. 한 반을 데리고 농장을 방문하거나 가족 농장을 찾아갈
수도 있다. 농산물 전시회나 축제를 계기로 한 고장의 특산
물을 알 수도 있다. 학교 교육 프로그램도 재고해 보아야 한
다. 예를 들어, 프랑스 역사 교육에서도 생태 박물관이나 일
시적인 전시보다는 농민의 생활 문제를 보여 주어야 한다고
생각한다. 또한 유아원에서부터 채소밭을 만들 것을 제안한
다. 유아원에 작은 동물 사육장은 많이 있지만, 씨앗을 심고

채소를 가꾸는 체험은 흔하지 않은 듯하다. 현재의 교육 과정에서는 어린이들에게 식물에 대해 제대로 가르쳐 주지 않고 있으며, 이것은 생명의 근원을 과소평가하는 결과를 가져올 것이다. 도시의 어린이와 청소년들에게 식물 없이는 어떤 동물도 존재하지 않는다는 것을 가르쳐 주어야 한다. 가축들은 곡물이나 채소를 먹고 살기 때문이다.

기상학은 도시인들의 중요한 관심사이지만, 그들의 호기심은 주말 일기 예보에 그친다. 하지만 농민들은 농업 기상 예보나 농사 달력과 관계된 소식을 전하고, 제철 과일이나 채소가 어떤 깃인지 알려주기 위하여 기상학을 이용한다. 12월에 가게에서 파는 토마토나 딸기는 프랑스 산이 아니라는 사실을 알려주는 것이다. "프랑스에서 크리스마스에 딸기를 먹는다는 것은 그 딸기에 물고기 유전자를 주입했다는 것을 의미한다. 차가운 물 속에서도 얼지 않는 물고기 유전자를 이용해 겨울에도 얼지 않는 딸기를 생산할 수 있는 것이다. 이것이 바로 유전자 변형 딸기이다." 어린이들에게 계절 식품, 남반구의 겨울 생산품, 온화한 지역의 산물, 지나치게 따뜻한 겨울과 강수량이 너무 많은 여름의 영향 등에 대해 알려주지 않는다면, 그들은 생명의 순환에 대한 기준을 잃게 될 것이다.

어린이들에게 일 년 동안 지구가 어떻게 스스로 조절해 나가는지 가르쳐 주거나 상기시켜야 한다. 태양의 움직임에 따라 어떤 기후 변화가 있는지, 또한 땅이 어떻게 스스로 기운을 회복하는지를 가르쳐 주어야 한다. 다시 찾아온 봄, 그것은 겨울 동안에 만들어진 것이다. 따라서 맨 땅이나 눈으로 덮인 땅 속에서 무슨 일이 일어나는지도 알려주어야 한다. 토양의 휴식은 사람의 휴식과 마찬가지로 제 모습을 갖추는 데 필요한 에너지의 회복에 도움을 준다. "제 모습을 갖춘다는 것"은 무슨 의미인가? 그것은 새로운 생산을 할 준비를 한다는 것과 동시에 모든 공격 — 예를 들어, 곤충의 침입 — 과 돌발적인 기후의 변화에 저항한다는 것을 의미한다. 토양이 고갈된다면 인간의 개입이 필요하지만, 화학의 도움을 받는 것이 아니라 다른 해결책을 찾아야 한다.

생울타리의 역할에서 사물이 주는 교훈을 알 수 있다. 생울타리는 침식을 막아 주는 방벽이다. 동시에 식물이 살아가는 데 필요한 작은 동물군의 서식지이기도 하다. 완벽한 제초제 라운드업은 생울타리 위의 모든 생명을 죽인다. 생울타리가 될 나무를 다시 심으면 잠자리와, 초원에서 더 이상 볼 수 없었던 풀들이 다시 나타난다. 생울타리와 나무가 사라지는 순간, 균형이 깨져 그 주변의 곤충들이 제 역할을 할 수 없기 때문에 옛날의 초원은 더 이상 재생되지 않는다. 포식 동물은 주변을 청소하는 역할을 하기 때문에, "유해 동물"이라고 알려진 것들이 때로 균형을 지켜주기도 한다. 사람들이 지나치게 주변을 살균하고, 냄새와 먼지와 꽃가루를 몰아내면 식물은 자연 방어 능력을 잃는다는 것을 어린이들은 잘 알아야 한다. 식물은 이러한 자연 방어 능력을 가지고 있다. 무기질 감소를 막기 위해 항상 태양으로부터 비타민을 얻는 것처럼 말이다.

어린이들에게 또한 과일과 채소의 생산에 벌들이 어떤 역할을 하는지도 설명해 주어야 한다. 벌들이 수정에 필요한 꽃가루를 옮겨 주지 않는다면, 사과나 딸기, 그리고 개자리속을 어떻게 수확할 수 있겠는가? 근처에 벌통이 있는 과수원은 20-30% 정도 생산량이 증가한다. 현재 가장 염려스러운 것은 벌들이 많이 약해졌다는 것이다. 살충제 남용이 그 이유들 중 하나이다.

*

오늘날 어린이들은 엄마가 상점 진열대에서 사온 빵가루를 입힌 생선을 먹으면서, 생선은 머리도 지느러미도 없는 고깃덩어리라고 생각할 것이다. 가공된 농산품을 먹는 어린이들은 먹을거리와 농업의 관계를 알 수 없다. 상점에 진열된 그 어떤 상품도 농업을 통해 생산된 것이라는 사실을 보여 주지 않는다. 어린이들이 만나는 상품은 산업과 유통의 상징물일 뿐이다. 학교 교육 과정에서 얼마나 많은 학생들이 부식토가 있는 땅에서만 곡물이 잘 자랄 수 있다는 것을 배우겠는가? 원래 농장은 가족의 양식인 육류나 우유를 생산하는 가축들이 있는 장소였다. 농장에서는 인분을 모아, 그것을 다시 땅에 거름으로 주었으며, 토양은 가축 배설물이라는 자연 요소로 비옥해졌다. 그 농장에서 생산된 채소는 다시 가축들을 먹여 살리는 것이다.

나는 학생들이 그러한 생명의 순환을 이해하고 있어야

한다고 생각한다. 아이들이 파리를 떠나 지방으로 갈 때, 수백 킬로미터를 가는 동안 무엇을 보는가? 곡식을 키우고 사료 작물을 재배하는 밭이 펼쳐지지만, 아이들은 더 이상 가축을 보지 못하고, 가축 분뇨의 역할도 모른다. 아이들은 동물원에 갇힌 동물만을 알게 될 것이다. 아이들에게 동물은 기업이 운영하는 동물원의 유료 구경거리에 지나지 않는다. 동물들을 살아 있는 장소에 다시 놓아 주지 않으면, 어린이들은 농업이 무엇이며, 그 가치는 무엇인지 절대 알지 못할 것이다.

나는 농장에 야영장을 만들었다. 많은 네덜란드 인과 덴마크 인들이 도시에서 우리 농장을 찾아왔다. 부모를 따라온 아이들이 젖을 짜는 농장 안의 우유 보관소에 왔다. 나는 항상 손이 닿는 곳에 컵을 놓아 두었는데, 그것을 들고 소의 젖꼭지를 눌러 젖을 짜서 아이들에게 맛을 보여 주었다. 아이들은 젖소 가까이로 다가가지 못했고, 그들의 부모 역시 어떻게 젖이 나오는지 설명하지 못하는 것 같았다. 젖이 나오는 것은 피의 순환과 관계가 있으며, 송아지를 낳지 않은 젖소는 젖이 나오지 않는다는 것을 아이들에게 가르쳐 줄 좋은 기회였다. 아주 어린 그 아이들은 우유가 엄마와 마트에 가서 사는 팩으로 된 상품으로만 알고 있었던 것 같았다.

그들이 농장에 머무는 동안, 갓 태어난 어린 송아지는 엄마소의 젖을 받아들이지 못한다는 것을 설명하면서, 우유의 질은 젖소에게 어떤 먹이를 주는가에 달려 있다는 것을 알려 주었다. 산업형 축산 시스템에서는 소에게 첨가제를 써서 우유 생산을 강화했는데, 그것이 문제였다.

팩에 든 우유를 사면서, 엄마들은 "저온 실균 우유"라고 쓰인 것을 보고 안심한다. 도시 가정에서 신선한 우유의 소비는 줄어들고 있다. 나는 방문자들에게 "저온 살균" 처리된 우유는 소화가 잘 되지 않고, 냉장고에서 꺼내 놓으면 상하기 쉽다고 설명해 주었다. 저온 살균 처리법은 장거리 운송과 보존 문제의 해결책으로 만들어졌다. 저온 살균 처리법은 점점 더 집약화 되는 생산 방식의 치유책 역할을 했다. 모든 위험을 사전에 피하려는 방법이었다. 산업형 축산에서 밀폐된 사가의 우리에 여러 마리를 함께 가두는 방식을 따르면, 그리고 이러한 방법으로 생산을 집중시키면, 점차 더 많은 보건상의 위험을 초래하게 된다. 그것은 생산지에서 가축 사료에 항생 물질을 사용하고, 가공과 유통 과정에서 낙농 제품을 저온 살균 처리하기 때문이다. 농민과 소비자를 조금씩 지배해 가는 산업은 전염병, 운송 사고, 냉동 시설의 고장 등을 피하기 위한 해답으로써 자기만의 기술을 확고히 한다. 동시에 정치권력은, 국경도 장벽도 없이 유통되기 때문에 망가지기 쉬운 "위험한" 상품을 해롭지 않은 것으로 만들기 위해 엄격한 규격을 제정했다. 공동농업정책과 WTO는 부국들로 하여금 문제를 일으키게 했고, 동시에 여기저기서 일어나는 큰 재난에 대처하지 못하고 끌려 다니게 했다.

따라서 저온 살균 처리된 치즈가 리스테리아균을 옮기는 것을 막지 못했듯이, 치밀하게 계획된 소의 도축도 프리온이 전파되는 것을 막지 못했다.

행동하는 소비자는, 사람들을 공포에 빠뜨리지는 않을 것이라고 변명하면서 위험을 감추려는 정치가들을 그대로 보고만 있지는 않을 것이다. 소비자의 막연한 불안감을 자극하지 않으려고 노심초사하는 정부가 아무리 예방 원칙을 적용한다고 해도 그것이 원래의 의미에서 벗어난 것이라면 먹을거리에 대한 심한 공포심을 막지는 못할 것이다. 사실 이 예방 원칙은 무해성 여부가 확실하지 않은 신제품을 허가하지 않을 때 제 빛을 발하지만, 전염병의 책임 소재를 밝히거나 원인을 개선하려 하지 않고 여론 잠재우기에만 급급할 때는 부패하게 되는 것이다.

맛의 교육은 미래 교육의 중요한 토대가 될 것이다. 당근의 맛을 되찾는 것부터…

우리가 질 좋은 말의 분뇨와 좋은 퇴비로 텃밭에서 기른 당근을 아이들에게 준다면, 아마도 아이들은 그것을 별로 좋아하지 않을 것이다. 유기농 당근은 매우 단단하고 아삭하지만, 아이들은 화학 농법으로 기른 항생 물질이 가득한 당근을 더 좋아할 것이다. 그 당근에는 수분이 많아 물렁하기 때문에 먹기에 편해 아이들이 더 찾는다. 고기의 경우도 마찬가지이다. 농장에서 기른 토끼와 닭은 뼈가 단단하고, 고기가 질기면서 영양이 더 풍부하다. 그러나 이런 유형의 고기를 꼭꼭 씹어 먹거나 소화하는 데 익숙하지 못한 아이들은 그런 고기가 이상하고 너무 질기다고 할 것이다.

아이들이 가축 사육의 전 과정을 충분히 이해하지 못하고 그저 유리창 너머로 자동화된 집유 과정만 본다면, 농장 방문은 유익한 일이 되지 못할 것이다. 가축이란 무엇이며, 어떤 먹이를 먹는지, 어떻게 태어나고, 어떤 일을 하며, 어떤 가치를 만들어 내는지 전 과정을 이해해야 한다. 농장은 도시 근처에 있는 농장 박물관이 아니다.

나는 농업 교육을 일반 교육 과정에 포함시켜야 한다고 생각한다. 그 목적은 전 시민에게 동·식물, 토양의 생명, 공기의 본질, 물의 농도, 하층토 등에 관한 것들을 가르쳐 줌으로써 농업의 기초를 제공하는 것이다. 시민들이 농장을 찾아오도록 하기에 앞서, 어린이와 청소년들이 이러한 것에 대해 전반적으로 이해해야 할 것이다. 그들은 자연이 어떤 역할을 하고, 그 자연에 인간이 개입함으로써 어떤 결과를 낳는지 알아야 할 것이다.

프랑수아 뒤푸르는 자신의 농장에 겨우 여섯 팀 정도 머무를 수 있는 야영장을 만들었다. 아주 작지만 모범적인 농촌 교육 장소이다.

내가 농장에 야영장을 만든 목적은 방문자들에게 "자, 제가 젖소 한 마리당 만 리터의 우유를 생산하는 농장을 운영하고 있습니다. 얼마나 대단한지 보십시오!"라든가 "여러분에게 양식을 제공하는 농민을 만났다는 데 매우 만족하시지요"라고 말하려는 것이 아니다. 절대 아니다! 내가 진심으로 하고 싶은 말은 이렇다. "자, 보세요. 농업은 매우 취약한 상

황에 있습니다. 농업은 어디에서 왔으며, 앞으로 어디로 가야
하나요."

문제는 농업 교육을 일반 교육 과정에 포함시키는 일이다.

교육부는 일반 교육 과정에 최소한의 농업 교육을 포함
시켜야 한다는 것을 고려해야 한다. 유아원이나 유치원에 동
물 실험 사육장은 많이 설치되어 있지만, 아스파라거스가 어
떻게 돋아나는지 보여 줄 수 있는 아주 작은 채소밭이나 화
단을 만든 곳은 드물다. 또한 요리도 어린이들이 매우 좋아
하는 일이다. 직접 요리를 해보고 재미있는 실험을 함께하면
서 아이들은 물리와 화학에 대한 체험을 한다. 농업 박람회
의 전시장에서, 우리는 학생들에게 달걀을 깨서 노른자와 흰
자로 나눠 보게 하는 등의 여러 가지를 체험하도록 한다. 그
렇지만 이러한 요리 실습이 식물의 씨앗을 심고 기르는 경험
을 대신할 수는 없다.

노르웨이의 여러 지방에 있는 많은 농업 학교들처럼 모
든 분야에서 실습을 통해 노동의 가치를 회복할 수 있게 해
야 한다. 그러기 위해서는 제도적 지원이 반드시 필요하다.
이웃 나라의 농장에서는 작지만 일부의 땅을 학생 교육에 할
애했다. 자연과의 관계는 학교에서부터 자리 잡기 시작한다.
왜 프랑스는 스칸디나비아의 정부 시책을 본보기 삼아 초등
교육이나 중등 교육에 실습 노동을 도입하지 않는가? 현 상
황에서, 국가는 큰 비용을 들이지 않고도 교육 과정 중에 학

생들을 의무적으로 3-4일 농촌에서 지내게 할 수 있다. 그렇지만 이것은 농촌 지역과 도시 지역 중·고등학교 학생의 단순한 교환을 목적으로 하는 것이 아니기 때문에, 생태 박물관이나 소위 "교육" 농장의 방문이 아니라 평범한 농장에서 지내야 한다. 따라서 반나절 정도로는 턱없이 부족하다.

이러한 제도를 제대로 실행하지 않는다면, 도시인이 농업과 얼마나 단절되었는지, 동시에 생명의 다양성, 농촌 풍경, 그리고 농촌 생활과 얼마나 단절되었는지만을 강조하게 될 것이다. 이러한 교육 프로그램에서는 현장 실습과 인터넷의 활용이라는 이중 구조를 정비하고, 이것을 임의적으로 선택하게 하는 게 아니라 의무화 하는 게 매우 중요하다.

로프트 스토리Loft story[1]라는 텔레비전 방송 프로그램이 옛날식의 농장을 배경으로 진행되는 것은 내게 정말 충격적이었다. 십여 명의 젊은이들을 19세기 농민 모습으로 분장시켜 카메라가 지켜보는 외딴 집에 살게 하는 발상만으로도 그러한 생활환경에서 살아가는 수백만의 동시대 사람들을 모욕하는 일이었다. 사람들은 이러한 어처구니없는 복고풍 패러디에 반대하고 항의하기 위해 촬영장을 점거했는데, 나는 그 시위 참가자들을 이해할 수 있다. 그런 방송은 비교육적이다. 그것은 정당한 놀이를 변질시키고, 현대 사회에서 농업을 중요한 문제로 자리 잡게 하려는 우리의 노력을 방해하는 것이다.

---

1. 십여 명의 미혼 남녀를 밀폐된 임시 거주지에서 생활하도록 하고, 카메라로 감시하여 TV로 방영한 리얼리티 쇼.

18. 공공 연구의 의무

카마르그에 심기로 되어 있던 유전자 변형 벼 파기 사건으로 2001년 봄 유전자 변형 농산물에 관한 소송이 시작되었다. 몽펠리에 지방 법원에 소환된 조제 보베는 대기 중으로 씨앗이 퍼지는 것을 막기 위한 긴급한 조치였다고 설명했다. 이러한 예방 조치는 모두의 이익을 위한 것이었지만, 연구센터 대표에 의해 오히려 자유로운 연구를 침해한 것으로 해석되었다. 문제는 그런 시험 재배가 공공의 건강을 위협하지 않는다는 것을 증명하려는 노력은 하지 않고, 쓸데없는 고발을 통해 과학과 진보에 관한 시대에 뒤떨어진 소송을 신뢰하게 하려 했다는 것이다. 그러나 중요한 것은 법정 안에서든 외부에서든, 또는 단체의 열린 토론회에서든, 현재 표류하는 연구의 의무와 목적에 관한 진지한 논의가 있어야 한다는 것이다.

이 논쟁은 초유의 일이었다. 현실적으로 가장 먼저 해야 할 일은 공공의 정당방위를 불법적 파괴행위로 단순화시키

는 이 부당한 소송을 부각시키는 것이다. 손해 배상 청구인
자격의 연구센터(CIRAD)[1]는 막다른 골목으로 몰렸다. 당시
벼를 옮겨심기로 했던 카마르그 지방으로 보내기 위해 시험
작물의 포장을 이미 마친 상황이었고, 위급함을 직감한 우리
는 즉각 개입할 수밖에 없었다. 게다가 카마르그 지방의 농
민들도 그것을 원하지 않았으므로, 우리는 시험 작물을 보내
려 한 발송인들에게 유전자 변형 농산물 재배 금지의 뜻을
분명히 전했다. 증거 자료 서명 날짜에 대해서는 여전히 불
확실하지만, 어쨌든 사전에 유전자 변형 작물을 사용할 수
없다는 판결을 받았다. 유비무환이 상책이다.

우리는 표적을 제대로 골랐다. 여론 역시 야외에서 시험
작물을 재배하는 것에 반대했다.

이 잘못된 소송이 끝난 후에 진짜 문제가 제기되었으며,
그것은 우리 행동의 적법성을 증명해 주었다.

최근에 과학계는 연구실에서 비밀리에 움직였다. 우리는
사회 현실, 공공의 건강, 생명의 다양성에 영향을 미치는 유
전자 조작 관련 문제들과 철저히 무관한 듯한 과학자들의 방
식을 규탄하고자 했다.

분자 생물학 연구는 생산주의의 일탈을 초래했으며, 농
업을 타락의 길로 내몰았다. 다국적 기업으로부터 재정 지원
을 받는 공공 연구소는 상업화의 궤도로 들어섰다. 공적 연
구와 사적 연구 사이의 공모에 대해 말하지 않으려니 좀 혼

---

1. 개발농업연구 국제협력센터

란스럽다. 프랑스에서 정부 지원금을 받는 연구소들은 자신들이 경쟁에 참여하지 않는다면 미국이나 일본 연구자들이 자신들을 앞지를 것이라고 주장하면서 양심을 속여 가며 첨단 기술 경쟁에 뛰어들고 있다.

따라서 연구자들은 진짜 그들이 해야 하는 일, 즉 자연과 환경의 순환을 존중하는 지속적인 농업 연구 프로그램을 포기하고 통제할 수 없는 산업화를 위해 일할 것을 택한 것이다.

정부에서 과학자의 명분에 충실한 조언자 역할을 맡은 테크노크라트들은 연구자들을 집결시키고 도전에 뛰어들도록 부추겼다. "우리는 싸움에서 질 수 없습니다."

이러한 도전의 대상은 더 이상 궁극적 목적("지구를 먹여 살리는 일")이 아니다. 기술 그 자체가 고유의 목적이 된 것이다. 새롭고 유일한 윤리는 기술 자체를 위한 기술적 진보이며, 종교적인 숭배에 가깝다. 기술은 새로운 자료와 정보의 운반자이므로 끝까지 나가는 경향이 있다. 공적 연구는 어떤 통제도 받지 않고 연구 자체에만 집중한다.

전 세계의 배고픔을 해결해 줄 희망으로서 유전자 변형 기술의 발전은 환상에 불과하다. 유전자 변형 작물을 파종할 수 있는 것은 식량을 재배하며 살아가는 농민들이 아니라, 매우 넓은 농지를 경작하며 지방 소농들을 사라지게 만드는 곡물 농장 경영인들이다. 대규모 생산자들은 치열하게 경쟁하는 다섯 개의 대기업으로부터 공급받은 특허 종자를 파종하고 경작함으로써, 제3세계 국가의 국민들에게 식량 주권을 빼앗는 결과를 가져온다.

뿐만 아니라 이러한 실험은 다양한 분석을 허용해야 하지만, 이에 대한 기술 논쟁은 이루어지지 않고 있다. 예를 들어, 야외에서 유전자 변형 작물 시험 재배를 계속하기 위하여 불가피하게 온실에서 나와야 하는 경우가 있다. 이때 유전자 변형 작물을 농장에 심기 전에 꽃가루나 씨앗의 확산을 테스트해야 한다. 그렇다고 꽃가루 확산 실험에 반드시 유전자 변형 작물이 필요하지는 않다. 따라서 보호를 위한 완충 지대의 규모를 정하고 거리를 측정하기 위해, 비유전자 변형 작물을 가지고 유전자 확산 가능성에 관한 실험을 할 수 있다. 결국 우리는 안전을 보장받기 어렵다는 결론을 내렸다.

알다시피 콜자의 꽃가루는 공기 중에서 잘 날아다닌다. 꽃가루가 몇 킬로미터까지 퍼질 수 있는지를 알기 위하여 굳이 유전자 변형 작물을 심어볼 필요는 없다. 새나 곤충이 접촉할 수 있는지를 실험하는 것도 마찬가지이다. 온실 가루받이 연구를 할 수도 있으며, 이외에도 여러 가지 연구 방법이 있다.

그런데 여기 다음과 같은 문제가 있다. 즉, 지금까지 우리는 유전자 변형에 대해 경솔하게 접근했다. 유전자를 변형시킬 수는 있지만, 이것이 생명의 순환과 생태계에 어떤 작용을 할지는 아무도 모른다. 단 한 번의 유전자 확산이 가져올 결과를 미리 측정할 수는 없는 것이다.

우리가 유전자를 변형시키는 순간부터 그것을 제어할 수 없다. 낯선 종과 유전자 변형 작물의 교잡이 생태계에 어떤 파급 효과를 야기할 것인가? 조작된 것이 아닌 동일한 종에 어떤 오염을 가져올 것이며, 그 자체가 어떻게 변형될 것인가? 우리는 정확한 답을 기다린다.

연구자들은 우리가 유전자 연구에 근본적으로 반대하는지를 질문한다. 극단적으로 찬성이냐 반대냐의 문제가 아니다. 실제적인 방법이 중요하다. 불필요하고 위험하기 때문에 야외에서 시행하는 시험 재배의 폐지를 요구하는 것이다. 이러한 금지가 기초적인 연구 자체를 지연시키지는 않을 것이다. 오히려 연구의 중요한 당면 과제에 대하여 계속 질문할 수 있도록 도울 것이며, 목적이 다른 사적 연구와 공적 연구 사이의 영역을 구분해 줄 것이다. 연구자들이 보다 더 투명한 자세로 연구에 임하고, 사회 현실을 고려하는 것이 중요하다. 그들의 역할은 무엇인가? 과학 조직을 사회의 중심에 놓지 않는다면, 19세기의 실증주의로 돌아갈 수도 있을 것이다.

축산업자들은 유전자 조작에 도움을 청할 필요가 전혀 없다는 것을 증명했으며, 우리는 교배를 통해 소의 품질을 개량하는 데 성공했다. 양, 특히 르라르자크의 양들에 관해 국립 농학연구소(INRA)에서 추진했던 연구는 양젖 생산이나 양의 출산에 만족스러운 결과를 낳았다.

왜 식물에 관한 농학 연구 방법을 가축만큼 발전시키지 않는 것일까? 제어하기 어려운 복잡한 변수는 가축들에게 더 많음에도 불구하고, 왜 기어코 유전자 변형 작물을 만들어 내려 하는 것일까?

생산성 향상이나 식량 부족 국가의 국민들에 대한 영양

지원 문제에 대해서 유전자 변형 작물 연구는 그 어떤 시원한 내답도 하지 못하고 있다. 지구를 먹여 살릴 충분한 자원이 있다. 기존의 농법은 다른 무엇에도 뒤지지 않는 생산성을 가지고 있으며, 에너지도 화석 연료도 낭비하지 않고, 환경을 위협하지도 않는 농업 실천의 효용성을 보여 주었다. 우리는 계속해서 이러한 연구 방법을 개선하려고 노력할 것이다.

제초제 펌프 역할을 하는 식물, 살충제를 만들어 내는 식물, 생명력이 강한 콜자, 옥수수 밭에서 무의 수확은, 자본 집약적인 농업이 단기간에 새로운 성과를 얻어내는 데에만 가치가 있으며, 지속적인 농업 발전에 이르지 못한다는 것을 보여 준다. 그러한 성과 역시 절대적으로 보장된 것은 아니다. 미국에서 추진되었던 유전자 변형 작물 재배는 어떤 개선도 이루지 못했다.

유전자 변형 작물 지지자들이 내세우는 이유는 인도주의적인 것이 아니며 ─ 그들이 아무리 진짜 이유를 감추고 있다고 할지라도 ─ 공동체의 경제적 이득에 있지도 않다. 단지 투기 목적이다.

유전자 변형 작물을 시장에 내놓는 기업의 유일한 목적은 특허권을 받는 것이다. 특허권 소유만이 기업에 이익을 안겨줄 것이기 때문이다.

연구자들이 새로운 의식을 가지기 시작했다. 제노플랑트 Génoplante[1]와 국립 농학연구소의 관계가 문제가 되었다. 생

---

1. 식물의 게놈 연구를 통해 산업 물질 제조를 목적으로 하는 연구 센터.

명체 특허권 경쟁이 목적인 기업의 연구에 공공 연구소가 참여하는 것은 부당한 일이다.

과학의 임무는 생명체를 이해하는 것이다. 유전자 변형 작물 개발은 생명체에 대한 이해와는 아무런 관계가 없다. 그럼에도 불구하고 공공 연구소가 인류에게 속한 유전형질을 사유화하는 데 앞장서서 협력하고 있다.

한 연구자가 자신의 분야에서 과학이 아닌 것을 과학이라고 인정하게 만들려고 한다면, 그러한 시도를 어떻게 허용할 수 있단 말인가? 외부와 접촉을 끊고, 연구실 밖 세상에 대해 아무런 고민도 없이, 오직 전문가와만 의사소통하는 연구자는, 시장이 연구자들의 실험 결과만을 기다리는 상황에서 유전자 조작에 무관심한 채 그대로 있을 수는 없을 것이다. 이 경우, 시장은 유전자를 제어하는 잠재적 시장을 말한다.

생산주의 논리 속에서, 사람들은 새로운 기술의 영향에 대해서는 숙고하지 않은 채 그것을 이용하는 데만 몰두했다. 유전자 변형 꽃가루가 확산시킬 수 있는 잡종의 위험성이 무슨 상관인가! 그리고 만일 피해가 생긴다면, 또 어떤 천재가 그것을 해결할 대단한 기술을 찾아낼 것이라고 안이하게 생각한다. 무엇보다도 전문가적 능력을 요구받는 과학자는, 더 이상 피하지 말고 심사숙고한 것들에 대해 시민들과 대화를 나누어야 할 것이다.

항생 물질 문제는 유전자 변형 작물에 대하여 더 많은 주의를 야기할 것이다.

우리는 구급약을 마치 보약처럼 특별한 주의 없이 남용

한다. 이것은 잘못된 일이다. 심지어 오늘날 항생 물질은 심하게 오용되고 있다. 현재 미국에서 항생제의 70%는 사람을 치료하기 위해 만들어진 것이 아니라 건강한 가축들에게 투여하기 위해서 만들어졌다. 항생제는 더 이상 세균 감염 치료제가 아니라 성장에 필수적인 요소가 되었다. 사람들은 우유와 고기를 더 빨리 생산하기 위하여 가축들에게 항생제를 투여한다. 유럽도 마찬가지이다.

만약 이렇게 생산된 농산물이 아기들의 조제 이유식에 들어간다면, 수의사는 얼굴을 가리며 "그것은 제 문제가 아니라니까요"라고 말할 것이다.

이종 교배는 종자를 사유화하려는 목적을 지닌 산업화의 가장 전형적인 형태이다. 우리는 옥수수 생산을 개선하는 데 필요한 최선의 방법을 가졌다고 믿었다. 그 기술은 이미 1910년대에 완성되었다. 하지만 그것은 속임수였다. 그런 기술을 사용함으로써 농민은 매년 새로운 종자를 살 수밖에 없었다. 우선 대기업은 파종하는 데 시장의 논리를 강요했다. 유전자 변형 작물은 이종 교배 전문가들에게 명예를 안겨주고, 종자 공급의 독점적 지배를 남겼을 뿐이다.

새로운 속임수는 전 세계의 기아 문제를 빌미로 유전자 변형 작물 시험을 정당화하는 데 이용된다. 종자 기업들은 우선 세계의 기아 문제에 대한 궁극적인 해결책을 제시하도록 연구자들에게 도움을 청한다.

게다가 유엔 식량농업기구까지 종자의 유전자 변형의 정

당성을 인정하면서 농산물 가공업자들의 압력에 손을 들고 말았다. 2002년 6월, 로마 정상 회담[1]을 마치며 발표한 공동 성명에서, 유전자 변형 작물의 "무농약"[2] 경작 환경을 적극 권하고 있다. 우리는 "적절한 비료 사용"을 의미하는 이러한 경작 방식에 쉽게 속아 넘어가지 않을 것이다. 그러한 공식 성명은 제대로 된 논의를 거치지 않고 작성된 것이었다.

종자 기업들의 관심사는 오직 종자 공급의 독점뿐이다. 그들은 우리에게 유전자 변형 콜자나 옥수수의 우수성을 보여 주려는 농학자도 아니고, 그들의 특허권 없이는 90억 인구를 먹여 살릴 수 없다는 것을 증명하는 경제학자도 아니다.

종자 기업은 화학의 남용이나 유전자 변형 농산물 같은 그릇된 대안 속에 우리를 가두며 생태계를 위협하고 있다. 과연 이러한 과정을 따라가지 않고, 또는 땅을 척박하게 만들지 않으면서 지구의 식량 자립을 이룰 수는 없는가? 덤핑과 수출 보조금 정책, 즉 남반구 국가에 대한 북반구 국가의 농업 침략을 허용하는 국제 조약은, 은밀하고 치밀한 로비에 의해서 전 세계의 식량 자급을 막는다. 보르네오와 아마존을 비롯한 여러 지역의 화전 경작지에서 농민들을 내쫓고, 식량 재배지를 파괴하고, 세금을 징수하고 약탈하면서, 기업들은 불타버린 땅에 새로운 정책을 실행하고, 생명체에 대한 특허

1. 2002년 6월 10-13일, 유엔 세계식량기구 정상 회담
2. 생태 농업 또는 유기 농업과 무농약 농업은 구분되어야 한다. 무농약 농업에서는 철저한 연구 조사를 통한 적정 수준의 화학 비료 사용을 허가한다.

권자의 지배를 준비한다.

연구자들은 또한 수출국을 뒤흔드는 반복되는 위기 속에서 나름의 의견을 말해야 하지 않을까?

필요할 때마다 들고 나오는 예방 원칙은 선견지명이 없는 정치가들의 구명 튜브이다. 그들은 전속력으로 후퇴할 때 빨간 단추를 누른다. 정치가들은 극단적인 예방 원칙을 즉각 적용해야 하는 일촉즉발의 위기 상황에 놓이지 않기 위해서, 그리고 여론을 불안에 빠뜨리지 않기 위해서, 공공 연구소의 전문가들이 경고해야 할 의무가 있는 모든 가능한 위험에 대비하여 예방 원칙을 최대한 적용하는 것이 유리하다고 생각했을 것이다.

책임 있는 시민으로서 과학자들의 임무는, 정치가들이 그들로부터 차용해 기회주의적인 목적으로 남용했던 예방 원칙을 되찾는 것이다.

더불어 과학적 발견을 동경하는 과학계 내에서 기술 개발이 초래할 영향에 대한 연구를 우선해야 할 것이다.

기술의 진보는 사회에 미칠 그것의 영향에 관해 분석해야 한다. 개인의 자율성과 창조성에 관한 영향, 사회와의 관계, 기술이 만들어 내는 권력의 형태, 지속 가능한 지구의 미래를 유지하는 능력 등이 그것이다.

19. 농업에 대해 고민하는
조합들과 세계의 작업장

마치 긴급한 건설 현장처럼, 공동농업정책의 개혁에 관한 논의가 이루어졌다. 그러나 그것은 임시방편에 불과했다. 결정 기관과 관리 기관의 구조를 변화시키지 않고 어떻게 병의 원인을 치료할 것이며, 근본적인 불평등을 회복시킬 수 있는가?

제도의 일관성을 유지하면서 국제적 수단을 강화할 필요가 있다.

WTO는 농업, 서비스, 지적 소유권 같은 인간의 모든 활동 영역에서 그들의 능력과 결정권이 영향을 미치는 범위를 넓힐 필요가 있다고 우긴다. 또한 경제 논리에 따라 독단적으로 세계 질서를 재편하는 중이다.

그와 반대로 우리는 WTO의 영향력 확대를 제한해야 하며, 국민의 식량 주권, 먹을거리의 안전성, 생명의 다양성을 다루는 분야에서는 특히 그 영향력 자체를 금지시켜야 한다고 주장한다. 생명체를 키운다는 의미에서 바로 이런 것이 농업의 지주支柱가 된다.

우리는 WTO의 논리 자체에 이의를 제기하는 것도, 그들의 활동을 막으려는 것도 아니다. 문제는 무역이 더 투명하고 평등하게 이루어져야 하며, 불법 조약, 카르텔, 불법 거래, 덤핑에 맞서 싸우기 위한 규칙들이 필요하다는 것이다.

농업과 식량, 국민 건강과 환경, 토양, 물, 공기 등의 자연 자원의 보존과 환경오염의 문제는 FAO(유엔 식량농업기구)에 위임하는 것이 당연하다. 이 UN 기구는 앞서 말한 분야에서 중재자와 책임자 역할을 하기에 충분한 자격을 갖추고 있다.

개인을 초국가적 단체와 대립시키는 경제와 사회 질서에 관한 국가 간의 모든 분쟁은 엄밀히 말해 무역 제도로부터 독립된 사법 제도와 관계가 있다. 내부에 독자적인 분쟁 해결 기구를 가진 WTO에 모든 것을 맡기는 시스템은 완전히 역효과를 낳는다. WTO는 내부적으로 이미 결정된 사항들에 관해서는 외부에서의 그 어떤 소송 절차도 거부한다. 모든 회원국이 결정권을 가지는 UN의 후원 아래 이에 대한 중재가 이루어진다면, 독립적이고 민주적인 절차는 잘 보호될 것이다.

민주주의 국가들이 인류에 대한 전쟁 범죄의 처벌 면죄를 규탄하며 국제사법재판소를 구성했듯이(미국은 나중에 서명했지만, 승인하지 않았다), 경제와 사회의 권리를 수호하기 위해서도 그에 대응하는 기관이 있어야 한다. 즉, WTO에 의한 법 해석이 아니라, 모든 사람들이 관심 있게 지켜보는 성문법을 가지고 영향력을 행사하는 독립적인 소송 기관 말이다.

이 법은 시장의 논리보다 우세할 것이며, 권력 남용이나, 1966년 여러 국가가 합의한 경제 · 사회 · 문화에 대한 기본 협정 내용을 존중하지 않는 원칙들에 맞설 것이다. 당시 기본 협정에는 식량, 거주, 노동, 문화, 교육에 관한 권리, 혹은 '인권 선언'에 대한 부가 조항이 포함되어 있었다. 새로운 법을 통해 우리는 행동하는 소비자로서의 시민과 마찬가지로 농민의 권리와 의무를 규정하는 품질 보증서를 기초로 하는 지속 가능한 농업 선언을 완성할 수 있을 것이다. 그리고 이런 새로운 문헌은 UN 회원 국가들의 표결에 따라야 할 것이다.

국제 사법 재판소가 사회 윤리 또는 환경 윤리에 대한 명백한 침해, 자연 자원이나 인류 행복의 훼손을 이유로 한 국가나 다국적 기업에 대해 유죄 판결을 내린다 하더라도 그들을 처벌하는 문제는 해결되지 않을 것이다. 어쩌다 한 번씩 외교적 비난을 하는 것 말고는, 누가 미국에게 온실 효과의 주범이라고 오염세를 강제할 수 있으며, 누가 백악관 주인에게 지구를 오염시킨다는 이유로 환경세를 내라고 강요할 수 있겠는가? 건방진 태도로 거절하는 경직된 미국 정부를 당장에 건드릴 수는 없을 것이다.

WTO의 소송 절차를 밟고 있는 분쟁의 경우, 제재를 받는 것은 기의 언제나 강대국이 아니라 약소국이다. 코스타리카나 아이티가 환경오염과 무역 불균형에 관한 문제로 소송을 한다고 해도, 미국이나 유럽을 무릎 꿇게 하기에는 현실적으로 그들의 능력은 보잘것없다.

10년 동안 농민에 대한 연방 정부의 지원금을 70퍼센트 늘리겠다는 미국의 결정은, 2001년 11월 카타르 도하에서 열린 WTO 각료 회의의 결정 사항을 파기하는 것이다. 미국은 그들이 다른 나라에 요구했던 것(지원금 철폐)을 정작 자신의 땅에서는 실행하지 않았다. 미국은 새로운 농업법Farm Bill을 시행하면서 세계 시장에 강요한 규칙을 자기에게는 적용하지 않는 부시 행정부의 위선을 드러냈다. 미국이 보호 무역 조치를 채택하여 남반구 국가들의 지역 경제를 무너뜨린다면, 어떤 새로운 국제 재판권으로 미국을 처벌할 것인가?

따라서 강내국에서 악소국으로라는 의미가 아니라 공동체라는 의미에서, 전 분야에 다각적으로 규칙을 적용하기 위해서는 반드시 힘의 관계를 변화시켜야 한다. 몇몇 국제 무역법 전문가들은 새로운 사법 체계 내에서도 일반법 위에 앉아 있는 초강대국이 환경오염세를 내지 않겠다고 거부한다면 그를 제재할 수 없을 것이라고 시인한다. 만일 한 국가가 다수의 국가가 채택한 조약에 서명하기를 거부한다 하더라도, 우리는 인간의 삶의 조건 자체를 걸고, 과도한 오염 물질 배출로 인한 온실 효과에 도의적 책임을 져야 하는 석유 회사, 자동차 회사, 화학 공장 등에 지속적으로 배상금 지불과 환경세를 요구해야 할 것이다.

요하네스버그에서 열린 지구 정상 회담에서는, 지구 환경이 위태로운 현시점에서 환경 고립 정책과 경제 제재를 시행하지 않도록 강대국을 설득하는 문제에 관한 논쟁을 재개했다.

　프랑스와 유럽 내에서 농업부의 구조 자체가 위기를 예
고하고, 당면 과제를 평가하고, 세계의 농민을 분열시키지 않
고, 생산의 전 과정에 걸쳐 일관성 있는 정책을 펼치고, 노
동 · 보건 교육 · 다양성 · 생활 조건 등의 문제를 총괄적으로
파악하는 데 부적합하다.

　농업부는 영향력 있는 노동조합과 공동 관리를 실천했
다. 그러나 그것은 정책의 그늘에 지나지 않으며, 그런 정책
은 행정부의 몸집만 불릴 뿐이다.

　이제 농민을 유권자로만 간주하여 그들의 수를 세거나
그들을 속이는 것이 아니라, 평등한 권리와 의무를 지닌 시
민으로서 농민의 의견에 귀 기울여야 한다. 더 이상 생산자
와 소비자를 구분하지 않는 시대가 오고 있다.

　거대 정부의 구습으로 되돌아가지 않고, '토지 개발 계
획'과 관계 있는 환경부를 흡수하지 않는다는 조건에서, 로
비와 만성적인 재정 지원의 부담에서 벗어난 농업 · 식량 안
전부는 일관성 있고, 지속 가능하고, 평등한 정책에 적합한
도구가 될 것이다.

　2002년 5월 대통령 선거 후에 새로운 정부 조직이 구성
되었을 당시, 농업부 장관 아래 식량국을 설치한 것은 소비
자를 염두에 둔 하나의 신호였지만, 그것이 프랑스의 농업
정책을 재정비하지는 못했다.

　노동조합의 대표성에 관한 조합의 반성은 너무도 당연하
다. 하부 조직과 단절된 농업경영자조합 전국연합의 결정권
자들은 이미 여러 개의 감투를 쓰고 땅을 떠났다. 농업경영

자조합 전국연합의 이사회 회원들은 동시에 농협 은행, 그루파마, 농민 공제 제도 등 프랑스의 대표적인 협동조합들의 의장직을 맡고 있다. 게다가 그들은 1980년대 초 농업부 장관이었던 미셸 로카르가 만든 사무국의 자리를 도맡고 있다. 사무국은 정부와 생산 관련 산업 사이에 하나의 조직을 갖추어 놓은 것이다. 각각의 생산 분야에는 나름의 사무국이 있다. 우유 사무국, 꽃 · 원예 관리 사무국Oliflor, 포도 재배 관리 사무국Onivin, 육류 사무국Ofival, 허브 · 약초 재배 관리 사무국Onipam 등이다. 각 부문의 사무국은 독립된 예산을 가지고 있으며, 농업경영자조합 전국연합 회원이 의장직을 맡는다. 따라서 겸직에 의해 관리는 완전히 폐쇄되고 차단되었으며, 농민들은 그저 하달된 지침에 따라야 했다.

시기적으로 교육부의 몸집을 줄일 필요가 있다면, 농업부의 문어발을 잘라낼 필요도 있다.

실행 방법은 이렇다. 기본부터 재정비해 시민들, 시장, 시의회, 코뮌 공동체 위원회가 의장을 선출하는 면 단위 위원회들을 설립해야 한다. 농촌발전협회 대표, 자연보호협회, 소비자협회는 물론, 농업 조합에서도 의석을 차지하기 위해 한두 사람이 올 것이다. 따라서 장벽이 사라진 농업은 사회로 향한 문을 활짝 열 것이다.

시민들로 하여금 그들에게 식량을 제공하는 농민들과 더욱 연대감을 느끼도록 하는 것은 가뭄세, 홍수세, 전염병세 등 세금을 신설하는 것을 의미하지는 않는다. 농업세는 부가가치세로 징수되는가? 여전히 유럽 차원에서 그것을 승인하고 통합해야 할 것인가? 농촌에서 실질 생산가의 투명성을 보장하고, 부가가치가 농민에게 정당하게 돌아가도록 하는 것보다 더 효과적인 방법은 없을 것이다.

농촌 지역을 활용하는 문제는 매우 걱정스럽다. 토지와 무관한 생산을 늘리면서 식량 생산이라는 땅의 고유한 기능을 약화시키는 것은, 농촌을 예술 학교, 놀이 공원, 야외 박물관으로만 간주하게 만든다. 이것을 막는 하나의 방법이 있는데, 토지대장에 반드시 경작지의 백분율을 기록하게 하는 것이다. 코뮌 책임자들은 그 유명한 POS, 즉 코뮌의 토지 계획도를 참조하여 농지 계획도(POC)를 만들 수 있을 것이다. 그러나 그것은 농업에서 원래의 기능과 풍경을 만들어 내고, 농촌 공동화와 토양의 훼손을 막고, 자원과 환경을 존중하는 부가적인 여러 책임을 다할 때 성공할 수 있으며, 특히 경작 방법을 명확히 밝히는 품질 보증서가 반드시 필요할 것이다. 가장 어려운 것은 농지 계획도를 후진 국가의 인구 변화에 맞추어 실시하는 일이다. 세계 15억의 농촌 생산 인구에게는 기세등등한 일이 될 것이다.

20. 지혜로운 농부의 덕목들

"팍스 로마나"는 한때 적이었던 모든 무역 상대국들이 그들 간의 헌장을 만들었기 때문에 가능했는가? 아니면 카네이션 혁명[1]이나 농민연맹의 상징인 데이지 혁명을 거쳐야 가능한가? 각각의 데이지 꽃잎은 평등한 농장 경영의 확립에 기여하는 행동을 상징한다.

우리가 데이지를 선택했던 것은, 그것이 들판에서 피는 꽃이기 때문이었다. 꽃의 균형은 꽃잎에 의해 이루어진다. 꽃잎을 하나 뜯어낸다면, 그 꽃은 전체의 아름다움을 잃는다. 농민 농업이 단순히 하나의 경작 방식이 아니라, 마치 꽃잎처럼 각각의 요소들이 서로 연결된 전체임을 보여 주기 위해서 데이지의 이미지를 이용했다. 이 요소들 가운데 하나를 잘라내는 것은 어떤 계획 자체를 불균형하게 만든다.

---

1. 1974년 4월 25일 포르투갈에서 일어난 무혈 혁명

　화학 비료를 전혀 쓰지 않는 유기 농업과 적정량의 화학 비료를 사용하는 "무농약 농업"을 예로 들어보자. 무농약 농업 생산 방식으로 전환한 농장이 낙농, 양돈, 가금 사육 분야의 생산을 독차지한다면, 생산량(헥타르당 노동량)은 늘지만 일자리는 줄어드는 불균형을 만들어 낸다. 이러한 형태의 농업은 마치 유기농처럼 환경을 존중하는 듯하지만, 그 분야의 고용을 파괴시키기 때문에 일종의 산업농의 형태라 할 수 있을 것이다.

　데이지의 또 다른 꽃잎은 다른 농장으로 전파되는 농장 경영 방식을 상징한다. 이러한 전달 가능성은, 농장의 생산량과 생산 도구 사이의 규모, 투자, 균형에 달려 있다. 최첨단 기계, 즉 인수하는 데 500-600만 프랑이 드는 젖 짜는 로봇을 도입하여 단 한 명만을 고용하는 농장을 가정해 보자. 그곳은 표준 시설을 갖추고, 적당한 임금을 지불하며, 고용을 창출하는 원래의 농장 모습으로 되돌아갈 가능성이 없다.

　또 하나의 꽃잎은 외부에서 대량 수입된 생산물에 의지하지 않는 농장의 자립을 나타낸다.

　다음으로는 적당한 노동 시간을 통해 생활에 필요한 수익을 얻어내는 농장의 역량이 있다. 충분한 수익을 내지 못하는 소농장의 경우, 개량 농업을 도입하면 농장의 가치를 높이고 추가 고용을 창출할 수 있다. "데이지"의 균형을 회복하기 위해 바로 이러한 면을 고려해야 한다. 우리는 농민 농업의 여러 측면을 재전환하고 강화시키는 과정을 명확하게 규정할 수 있다.

농업학교의 프로그램에서, 또는 젊은이들의 교육 과정에서 이 모든 측면을 고려해 농장의 수익성을 주의 깊게 살펴볼 필요가 있다. 농장의 재전환 과정에서, 농민들로 하여금 지원금을 받아내는 일에만 매달리게 할 것이 아니라, 앞서 말한 기준들을 따르도록 이끌어야 한다.

농민 농업은 "무농약 농업"과의 관계를 어떻게 설정해야 하는가?

"무농약 농업"은 최근 몇 년 동안 가장 기만적인 것이었다. 살충제나 화학 비료의 사용을 줄이거나 합리적으로 이용하면 현재 농업 생산의 불균형을 충분히 치유할 수 있다고 하면서 생산주의를 녹색으로 포장하려 했다.

"무농약 농업"은 눈속임으로 생산주의 시스템을 유지하려는 수단이다. 농업 관련 기업의 "품질 관리 보증서"인 무농약 농업은 농업경영자조합 전국연합의 녹색 포장지에 지나지 않는다. 2002년 4월 25일의 법령을 통해 무농약 농업은 공식적인 승인을 받았으며, 이것은 농업이 언제나 감독 부서와 공동 관리된다는 것을 확실히 보여 준다.

조제 보베는 중요한 현장 경험을 인용하면서, 농민 농업의 10대 기본 원칙을 하나하나 검토한다.

○ 첫 번째 원칙: 많은 사람들이 농업에 종사하며 생활할 수 있도록 생산량을 분배한다.

각 생산자들의 최소 수입을 보장하기 위해서 우유 생산을 농장당 350헥토리터로 제한했던 것처럼, 로크포르에 대해서도 그런 할당제가 적용되었다. 그렇지만 한 번 정해진 할당량은 낙농업을 하는 한 끝까지 고정된다는 조치에는 반대했다. 우리는 가장 많은 할당량을 가졌던 사람들을 제한함으로써 가장 적게 할당된 사람들에게 충분한 양을 보장하고자 했다. 유럽 차원의 생산 조직 내에서 균형 있는 재조정이 이루어졌다. 이것은 지역의 권한이 중요한 지역 생산으로부터 우리가 이루어낸 것을 보여 주는 구체적인 예이다.

○ 두 번째 원칙: 유럽과 세계의 다른 지역 농민들과 연대한다.

이 원칙을 "공정 무역"에 우선 적용했다. 즉, 남반구 국가의 농민들에게 원료 생산 수출을 강요하지 않기 위하여 자국에서 식물성 단백질을 생산한다. 동시에 덤핑 가격으로 수출하지 않고, 농장이 수출 논리에 종속되지 않도록 생산을 조절해야 한다.

○ 세 번째 원칙: 자연을 존중한다.

이와 관련된 사례는 무수히 많다. 사일로용 옥수수 재배를 중단하고, 밭을 질소가 풍부한 콩과 식물과 화본과 식물이 섞인 초지로 바꾸기 위해 콩을 재배했던 사례를 인용할 수 있을 것이다.

○ 네 번째 원칙: 풍부한 자원에 경제적 가치를 부여하고, 부족한 자원을 아낀다.

농촌에서 인적 자원은 부족하지 않다. 농촌 인구를 적절한 사회적 조건으로 고용한다면, 그들을 보다 더 결집시킬 수 있을 것이다. 부가가치를 창출하는 농민 노동은 정당한 대가를 지급받아야 한다. 반대로 자본 출자는 일시적인 자원이라 할 수 있다. 게다가 과잉 설비가 고용을 감소시키고, 대출금 상환이 노동의 대가를 삭감하는 일은 불공정하다.

새로운 농장 경영인이 일정 토지를 획득해야 하는 의무를 갖지 않을 때 비로소 농민들은 부족한 자원을 절약하고, 노동의 창조적 가치를 되찾을 수 있다. 또한 농장을 경영할 때, 외부에서 사들이는 원료나 물건을 줄이고 대출금에 의한 투자를 축소한다면, 농촌 경제의 원리에 만족하게 될 것이다.

○ 다섯 번째 원칙: 농산품의 구매, 생산, 판매 행위에 투명성을 추구한다.

이력 추적 시스템은 생산 과정이 아주 명확하게 기재된 품질 보증서를 요구한다. 거기에는 가축의 사료는 무엇인지, 생산자가 특히 어떤 것에 유의했는지를 정확하게 기록해야 한다. 우리는 유기농 품질 보증서에 기술된 내용에서 정확한 정보를 얻어낼 수 있어야 한다. 이러한 과정을 통해서, 직거래 생산자 그룹은 상품의 전 생산 과정을 기록한 품질 보증서 안에서 소비자들과 만나는 셈이다.

대부분의 구매자들은 농가 생산품과 낙농업 제품의 차이를 잘 알지 못한다. 농업부 장관에게 그 개념을 법률로 정하라고 강요하는 것은 아니다. 우리의 요구는 생산 방식, 작업장의 규모, 완성된 생산품의 가공 방식을 통해 농가의 수공 생산자를 식별할 수 있어야 한다는 것이다. 우리는 진짜 투쟁에 나서야 한다. 품질 보증 라벨을 단 "농가 생산 닭"을 가지고 싸움에서 졌지만, 어쨌든 우리는 뒤로 물러설 수 없다. 그리고 AOC 카망베르는 제외지만, 생산방식이나 생산지(노르망디)와 상관없이 상표를 달고 나오는 카망베르 치즈의 문제도 마찬가지였다.

달걀이나 가금류의 레드 라벨을 전적으로 신뢰할 수 있는가?

라벨에 대해서 말해 보자. 품질 보증서는 형식적인 것은 아니며, 계약서에 기록된 내용에 따라 생산된 농산물이다. 가공업자나 생산업자는 가금류를 생산하기 위해 밀폐된 사육장에 있는 가축의 수나 최소 사육 일수를 조절했다. 조심해야 할 것은, 단지 "레드 라벨"만 붙어 있으면, 대부분의 사람들은 그 품질 보증서가 무엇을 의미하는지 상관하지 않는다는 점이다. 우리는 소비자가 생산 방식의 실태를 파악할 수 있는 더 정확한 정보를 바란다.

○ 여섯 번째 원칙: 생산품의 맛과 위생을 보장한다.

건강과 맛에 관한 진정한 노력이라 할 수 있는 원산지 표시 규정을 예로 들어보자. 우리는 생산자들에게 각 지방 고유의 공정하고 변함없는 규칙을 존중하도록 촉구한다. 바스크 지방이나 베아른 지방의 치즈는 원산지 표시 규정을 통해 맛의 질, 토양과의 관계 그리고 산악 축산 방식 등을 보여 준다. 이것은 수입 양의 위험과 관련된 예방 조치이다. 이러한 치즈 생산은 피레네 지방 특산종의 양젖으로만 가능하다. 우리는 지방 특유의, 그리고 오랫동안 알음알음으로 매매되었던 치즈가 어떻게 발전해 유명한 상표를 얻을 수 있었는지 잘 알고 있다. 오트-사부아 주의 르블로숑 치즈도 마찬가지 경우라 할 수 있다. 사람들은 이런 종류의 상품을 잘 알아본다. 소비자들은 시장이나 장터에서 농산물을 선택함으로써 맛을 되찾았다. 그 자리에서 맛을 보고 다양한 옛날 채소를 다시 찾고, 조리법을 배우기도 한다.

이것은 맛을 되찾는 교육이다. 물과 비료로 키운 골든 딜리셔스 사과와 옛날 사과를 비교해 보면 그 차이를 알 수 있다. 감자는 여러 가지 요리에 쓰인다. 수프, 퓨레, 튀김, 또는 샐러드를 만들 때, 같은 감자를 쓰지 않는다. 다양한 맛을 내고, 다양한 방법으로 조리한다. 수확한 농산물 그 자체가 전부는 아니다. 사과 역시 그 자체로만 존재하는 것은 아니며, 이러저러한 질을 가지고 있다. 사과 설탕 졸임을 만들 때에는 시드르용 사과를 쓰지 않으며, 시드르용 사과로는 파이를 만들지 않는다. 따라서 서로 다른 품종의 작물은 나름의 특성을 지닌다. 어떤 요리를 하고자 한다면 그 요리에 알맞은 재료를 고를 줄 알아야 한다. 맛을 구별하고, 그것을 말할 때 느끼는 기쁨도 있다. 또한 우리가 먹는 음식에 대해 서로 이 야기를 나누는 것도 식탁에서 누릴 수 있는 기쁨이다.

○ 일곱 번째 원칙: 농장 경영에 있어 최대한의 자율성을 지킨 다.

우리가 가축을 키울 능력을 가지고 있고, 그 분뇨로 만든 비료로 곡식을 키울 때 농장의 자립이 이루어진다. 생산 품 목을 최대한으로 늘리면서, 농장은 그 안에서 우리가 생산하 는 것과 생산하기 위하여 필요로 하는 것 사이에 균형을 이 루는 장소가 된다. 중요한 것은, 농지에서 이루어지는 생산과 농장 경영의 결합, 그리고 수확과 부가가치에 대한 지속적인 관리를 보여 주는 것이다.

○ 여덟 번째 원칙: 다른 농촌 지역의 활동가들과 협력한다.

가장 중요한 협력은 농업을 고립시키지 않고 끌어 안는 사회 구조이다. 농민들은 수공업자들과의 유대 관계를 유지 함으로써 생활 터전을 지켜 나간다. 따라서 농민은 저마다의 생산 방식에 따라 제철공, 기계공 그리고 학교 같은 공공 서 비스가 유지되는 데 일조한다. 그들은 지방의 노천 시장을 존속시키고, 소비자와 생산자를 직접 만나게 하는 데에도 기 여한다. 또한 농장을 도시인의 방문과 휴식을 위한 장소이자 어린이 교육을 위한 장소로도 보존해야 한다.

농민연맹은 사람들에게 농장의 미래에 대해 질문하고, 농촌 사람과 도시 사람 사이에 지속적인 논쟁을 이끌어 내기 위하여 종종 중소도시나 대도시에 가축을 키우는 "미래의 농장"을 세웠다. 협동 정신은 사회 조직과 새로운 연대 속에서 관계를 발전시킨다. 농민은 사회의 다른 범주의 사람들에 대하여 무관심할 수 없다. 1995년 9월, 철도 종사원들의 파업이 있었을 때, 많은 지역에서 농민들은 농산물을 공급했으며, 마치 축제가 열린 듯이 역에서 철도 노동자들과 함께했고, 거기에는 양고기 요리와 화로도 있었다. 농촌 주민들은 간접적으로 지방 역의 존속과 공공 서비스의 유지를 지지했다. 그리고 동업조합주의를 넘어 연대를 회복할 때 지역 개발이 이루어진다고 말할 수 있다.

물론 농촌 지역 활동가들 사이에서 자연보호론자가 소외되어서는 안 된다. 환경을 염려하는 농민과 일반인들 사이에 대립이 있을 수 없다. 많은 도에서, 그리고 우리 "연맹" 주변에서 크고 작은 공동체들이 생겨나고 있다. 그것은 농민연맹 회원들, 지방 소비자 단체, 환경 단체를 재규합한다. 산업형 양돈 시설에 대한 집단 탄원서가 제출되었으며, 농민, 환경보호론자, 소비자, 도시인들이 함께 투쟁을 이끌어 갔다. 물 전쟁은 우리의 몫이다. 2년 전 브르타뉴에서, 우리는 수돗물이 악화되는 것에 항의하기 위해 "물과 하천"이라는 단체와 굳게 결속했다. 농민연맹은 물 소비자들의 편에 서서 집회에 참여했으며, 물론 전력을 다했다.

286 · 미래를 살리는 씨앗

○ 아홉 번째 원칙: 사육 가축과 재배 작물의 다양성을 보존한
   다.

   어떤 지역의 특산종은 오랜 시간 동안 특정 기후, 고도,
목초지, 그리고 토양과 완벽하게 상호 영향을 주고받으면서
특정 생산 방식에 적응하며 성장한 종이다. 예를 들어, 아베
롱에서 자칫 사라질 뻔했던 오브락 종이 성공적으로 성장 발
전했던 일이 있었다. 다행히도 지금까지 살레르 종을 비롯한
여러 품종의 가축이 남아 있다. 오트-피레네 지방에서 육우
품종은 품질 보증서와 함께 오늘날까지 발전되어 왔다. 그
지역 생산자들은 송아지를 어미 소와 함께 오직 그 지역 농
장에서 자란 농산물로 만든 사료를 먹여 키운다는 약속을 지
키며, 지역 특산 송아지의 라벨을 얻기 위해 5년 동안 함께
모여 일했다. 이렇게 해서 가축 사육을 위한 긴밀한 협력을
보여 주었다. 즉, 우리는 "송아지를 어미와 함께 키우지요"라
고 하면서, 한 걸음 더 나아가 "가축의 먹이는 오직 그 농장
에서 재배된 농산물로만 만들며, 따라서 작물/가축이라는 기
본적인 균형을 이룹니다"라고 말한다. 이러한 사육 방법은
경제적으로 수익성이 있다. 더불어 이러한 가축 품종과 작물
은 생산 지역에 완벽하게 적응하며, 탁월한 자연 생산량을
가진다.

○ 열 번째 원칙: 지구화와 지속적인 발전이라는 주제를 장기적
   으로 그리고 총체적으로 고민한다.

농업은 모든 요소를 종합한 총체적 전망을 가져야 하며, 동시에 그것을 존속시켜 다음 세대에 전해 주어야 한다. 이러한 전망은 '농업을 어떻게 계승 발전시켜야 하는가?' 라는 전체적인 성찰에 이르렀다. 우리는 농장 경영 방식을 전하는 존속 시스템, 직업 보조 시스템, 임대 시스템을 이해하고 있다. 이러한 총체적인 생각을 하면서 우리는 농민의 퇴직에 대해서도 고려한다. 다른 직업 종사자만큼 퇴직 이후의 안정된 삶을 보장한다면, 농민들이 생활을 위해 건물과 일부 땅을 소유하려고 전전긍긍하지는 않을 것이다.

요하네스버그 정상 회담의 목표였던 지속 가능한 발전으로 나아가자. 우리는 우리의 주장을 관철시키려 한다. 지속 가능한 발전을 향한 노동은, 토양을 고갈시키거나 땅을 훼손하는 것이 아니라, 환경과 농촌 지역의 조화를 이루는 일이다. 둘 사이의 균형이 농장을 영원히 존속할 수 있게 한다. 예를 들어, 작은 숲 지역에서 생나무 울타리를 보존하면 홍수로 인한 범람을 막을 수 있으며, 동시에 없어서는 안 되는 야생 동·식물군의 서식지를 보존할 수 있다. 어떤 지역에서는 이러한 녹색 방벽이 바람을 막아 주어, 경작에 유익한 국지 기후를 만들어 내기도 한다. 나무를 작품의 재료나 난방에 이용함으로써 생기는 경제적 가치도 무시할 수 없다.

이제 기본 원칙들을 모두 살펴보았다. 포도 재배에서, 특히 오드나 에로 같은 남부 지역에서는 양보다는 질에 승부를 걸어 진정한 성공을 거두었다. 포도 재배 농민들은 농민 농업의 원리를 실행했는가?

포도 재배 역시 일반 농장과 같은 상황에 있다. 포도 재배는 질 좋은 열매를 맺는 포도나무 품종으로 바꾸면서, 헥타르당 헥토리터로 수확을 제한했다. 몇몇 포도 재배 농민은 한발 앞서 특히 경작 방식에 대하여 고민했다. 그들은 비료와 살충제의 지나친 사용을 줄이고, 토지를 비옥하게 하는 데 모든 노력을 기울였다. 예를 들어, 포도덩굴 사이에 묘목을 심는 방법, 녹비綠肥를 만드는 방법을 생각했다. 오늘날 어떤 이들은 포도나무 진딧병이 만연하기 전에 썼던 옛날 포도나무 품종을 다시 쓸 것을 검토하고 있다.

젊은 포도 재배 농민들은 새로운 품질과 새로운 맛을 찾기 위해 농학 연구의 도움을 받았으며, 무엇보다 잊어버린 향을 다시 찾는 데 주력했다. 그들은 비슷비슷해지기 시작한 와인을 대체할 품종을 제공했다. 이러한 연구 작업은 효소에 유전자를 주입하는 포도주 양조 산업에서의 농산물 규격화와 대립되는 것이었다. 모든 농업 생산을 지배하고자 하는 기업의 논리에 대항하는 포도 재배 농민은 우리가 앞서 제시한 10대 원칙의 정신을 공유하고 있다.

우리는 원산지 표시 규정을 남발하는 것을 주의해야 한다. 미국의 거대한 다국적 기업은 아니안느(에로 도) 코뮌에 와인 공장을 세웠다. 그들의 전략은 우선 농업협동조합을 와해시키기 위해 생산자들에게서 와인을 사들이는 것이다. 그러고 나서 자신들이 세운 공장에서 와인을 생산한다. 기업은 생산자들을 끌어들여, 위험을 무릅쓰고 모든 생산 조직을 무너뜨리려 했다. 그 조직은 20세기 초인 1907년의 투쟁의 결과

물인 포도주 생산협동조합이다. 이 조합은 농촌 사회 구조의 진보를 표방하며, 정부가 엉터리 포도주 생산 정책을 펼치지 못하도록 투쟁을 주도했었다. 그러나 현재는 궁지에 몰려 있는 듯하다.

소비자는 "포도주 생산지"의 상표 남용뿐만 아니라 거짓 라벨을 경계해야 한다. 와인 진열대에서 리터당 4프랑에 팔리는 "유럽공동체 와인"으로 유럽위원들, 농업부 15개 부서의 관리자, 공동농업정책의 부당 이득 수혜자들을 대접하고 싶다. 양질의 맛 좋은 원산지 표시 규정 라벨 와인으로 건배하면서 말이다. 농민과 소비자 모두의 단결이 필요한 때이다.

21. 농업 헌장과 인간의 권리와 의무 선언을 위하여

새로운 "세계 농업 헌장"이라는 기반 위에서, 두 저자는 그동안의 체험과 성찰을 통해 직업윤리가 국가적이고 세계적인 차원에서 얼마나 심각하게 결여되어 있으며, 표류하고 훼손된 본질적 행위를 재건하는 일이 얼마나 긴급한지를 보여 주고자 했다.

"지혜로운 농부의 여섯 가지 덕목"[1]을 기초로 한 이 헌장은 농민을 모든 도시인과 연결시키는 새로운 사회 조약을 제안한다.

---

1. 열 가지 기본 원칙(cf. p. 277)을 요약한 "지혜로운 농부의 여섯 가지 덕목"의 환기 :
   - 농장의 숫자를 늘리고 유럽과 세계의 생산 집중을 줄여라.
   - 자연 자원을 보존하고, 환경을 존중하라.
   - 농산물의 질과 무해성과 맛을 보장하며, 소비자의 신뢰를 회복하라.
   - 농업 활동을 사회에 포함시켜라.
   - 사육 가축과 재배 작물의 종의 다양성을 유지하라.
   - 지속 가능한 발전을 위하여 일하라.

헌장은 노사 대표 모두, 그리고 정치 협상 대상 모두와 관련된다. 그리고 올바른 사회 원칙을 존중하고 찬성하는 사람들도 이 헌장에 참여해야 한다. 즉, 시민들에게 농민의 권리 옹호를 요구한다면, 그 대신 농민은 소비자에 대한 의무를 지녀야 한다. 이러한 상호 권리와 의무는 책임 있는 개인이 지켜야 할 규칙을 정하게 된다. 여기 작성한 초안의 내용은 〈인권에 관한 보편 선언〉을 기본 형식으로 구성한 것이다. 이 자료는 논쟁이나 포럼에서 토론의 기초를 제공하고, 농업부에서 삼부회의 소집을 주도할 수 있을 것이다.

농민과 시민의 권리와 의무의 보편 선언

농민은 한 나라의 국민이고 세계의 시민이다. 이러한 이중적 지위는 농민에게 공동체의 범주 안에서 보편적인 차원의 권리와 의무를 부여한다.

노동과 그에 대한 정당한 대가를 되돌려 받을 권리
땅을 획득할 권리
사회적 지위에 대한 권리
재산과 전문적인 기술 정보를 전달할 권리
지역 환경과 지구 환경에 대한 권리
미래 세대를 위한 권리
세계의 모든 남녀 농민이 동등하게 양식을 제공할 권리
위협받고 있는 인권을 보호할 권리
인류의 공동 재산 상실에 대항할 권리

시민은 이러한 권리와 의무를 상호 실천하면서, 〈인권에 관한 보편 선언〉이 자신에게 부여한 일상생활의 권리 실천에 이것을 포함시켜야 한다.

시민은 농민이 농촌에서 필수적인 기능을 맡아 수행하는 공공의 유용성을 지닌 존재임을 인정한다.

시민은 농장의 수와 노동 집약적 생산 방식이 감소되는 것을 받아들이지 않는다.

농민의 임무의 수혜자인 시민은 그들을 지원해야 한다. 농민이 임무를 잘 수행하도록 하기 위해서는, 시민도 농민처럼 시장 법칙에 순응하기를 거부해야 한다.

시민은 곤경에 처한 농민과 연대해야 하며, 자신의 자유로운 소비 성향과 생활 방식을 바꾸어야 한다.

시민은 농민이 그들의 노동과 노동의 결과인 농산품의 부가가치에 대해 정당한 대가를 받는 것을 인정해야 한다.

시민은 농민의 사회적 지위를 인식하고, 농민이 자신의 의지와 무관하게 구호 대상자, 기업의 고용인 또는 국립공원 관리인이 되는 것을 막아야 한다.

농민과 시민은 올바른 행동을 교환하는 평등한 상대가 되어야 한다.

- 자립 기반을 갖춘 농민은 공금을 헛되이 쓰지 않는다.
- 시민은 식량 생산의 전 과정에서 환경오염자를 알아야 할 권리가 있다.
- 토지 사용 권리를 가진 농민은 토지를 인류의 재산으로

서 존중해야 한다.
- 농민은 자연 자원과 환경을 보호하면서, 식량 생산이라
  는 임무를 완벽하게 실천해야 한다.
- 농민은 생명 다양성을 지킬 책임이 있는 당사자이다.
- 농업 생산의 목표는 이익 창출에 있는 것이 아니라 농
  민과 그 지역의 식량 주권의 회복에 있다.
- 농민 각자는 세계의 농민과 연대해야 한다.

농민과 시민 모두는 평등한 권리와 공동의 의무를 지닌
다.
- 농민은 자신들의 생산물이 다른 나라의 식량 주권을 위
  태롭게 해서는 안 된다는 것을 고려하여, 수출만을 위
  한 생산을 하지 않는다.
- 농민은 경작 방법 선택의 자유를 지키며, 기초 식량 생
  산이라는 자신들의 임무 수행을 막는 정책을 거부하거
  나 그에 저항하는 압력 단체를 따를 자유가 있다.
- 농민은 특정 이익 집단을 위해서 일하지 않고, 공동체
  를 위해서 일한다.
- 농민은 건강에 좋은 양질의 생산물을 시장에 내놓는다.
  그것은 특권층에게만 제공되는 것이 아니라 문화적 차
  별이나 경제적 차별 없이 국민 전체에게 제공된다.

결론· 식량 전쟁은 일어나지 않으리

땅에 묻힌 게 아니라 깊이 뿌리내린 농민들은 보기와 달리 허약한 공화국에 무엇을 기대할까?

대답은 제2의 강베타가 아니다.

구세주는 다른 시대에 있다.

중요한 것은 〈농민과 시민의 권리와 의무의 보편 선언〉을 채택하여 적용하는 정치적 의지이다.

인권의 나라 프랑스가 국제연합 앞에서 그 헌장을 지지하는 마지막이 되어서는 안 될 것이다.

두 세계가 서로 이해하지 못할 때 전쟁의 위협이 엄습한다.

카산드라[1]가 제 역할을 다하지 않는다면, 가까운 미래에 주도권 다툼을 하는 단체와 생화학 무기(전염병)와 심리적 선동(환경을 오염시키는 농민, 자유로운 연구, 과학의 진보, 근

---

1. 트로이 왕 프리아모스의 딸로 트로이 함락을 예언했으나 누구도 그녀의 말을 믿어 주지 않았다.

대화, 소비자들의 지갑을 보호하는 일 등)을 이용하는 강경파에게 이익이 되는 세계 경제 전쟁의 시나리오를 보게 될 것이다.

교육을 통해 침략자들을 무장 해제시킨다면, 식량 전쟁은 일어나지 않을 것이다.

"미래는 없다"고 가슴에 새기고 다니는 젊은이들에게 "땅은 우리의 미래다"라는 새롭고 중요한 신념을 제시하자.

그것을 인정하지 않는 사람도 적어도 이 책이 지니는 본질적 주제는 간직할 것이다.

즉, 남녀 농민 없이는 미래도 없다.

옮긴이의 글

  이 책은 프랑스의 두 농민 운동가 조제 보베와 프랑수아 뒤푸르의 *Le Grain de L'Avenir: L'agriculture raconteé aux citadins* (Plon, 2002)을 우리말로 옮긴 것이다.

  농민 운동 현장에서 함께 투쟁했던 동갑내기 두 사람은 『세계는 상품이 아니다』(2002, 울력) 이후 다시 힘을 모아 자신들의 현장 경험과 신념을 생생한 목소리로 전하고 있다.

  조제 보베는 도시 출신의 신농촌인으로서 유전 공학자인 아버지와 생물학자인 어머니를 두고 있다. 대학 시절부터 비폭력 반군사 운동에 앞장섰던 그는 농민들과 연대하여 프랑스 정부의 군사 기지 건설을 저지하기도 했다. 이때부터 그는 본격적으로 농민 운동에 나섰으며, 맥도날드 매장 해체 사건 이후로 세계에서 가장 유명한 농민이자 반세계화의 상징적 인물이 되었다. 반면 프랑수아 뒤푸르는 대대로 농업에 종사한 농부의 아들로 가족 농장을 물려받았다. 그는 한때 생산주의 농업에 종사했지만, 그 폐해를 절감하고 양질의 먹을거리와 환경 보전 모두를 약속해 줄 수 있는 유기 농업으로 전환하였다. 두 사람의 시작은 서로 달랐지만 현재 그들은 서로의 경험을 나누며 반세계화 운동을 주도하고 있다.

동지이자 친구인 두 사람은 이 책에서 생산주의 농업과 공동농업정책이 불러온 폐해를 진단하고, 신자유주의 세계화의 확산이 어떻게 전 세계 농업을 황폐화시키고 있는지 고발한다. 그들에 따르면, 생산주의 농업 정책은 농민들을 소외시키고, 농업을 농화학 산업이나 농식품 산업의 손아귀로 밀어 넣고 있다. 결국 농민은 경제적으로 종속되고, 농촌은 다양성을 상실하고, 소비자들은 유전자 변형 농산물 같은 오염되고 규격화된 먹을거리를 강요받게 된다. 보베와 뒤푸르는 자연과 인간이 이처럼 공멸의 길로 들어서는 현실을 개탄한다.

이러한 점에서 이 책은 그들의 전작과 맥을 같이한다고 볼 수 있다. 그러나 전작에서 생산주의 농업 정책에서 파생된 여러 문제들을 강하게 비판하고 오염된 먹을거리에 맞서 싸우는 농부들의 노력에 힘을 실었다면, 이번 책에서는 그와 더불어 농촌을 살리고 식량 주권을 회복하기 위해서는 시민 사회가 함께 움직여야 한다는 것을 강조한다. "도시인들에게 들려주는 농업 이야기"라는 부제에서 알 수 있듯이 그들은 농민 운동의 영역을 도시까지 확대하고 있는 것이다.

그렇다면 농민과 도시 사회의 관계는 어떻게 설정되어야

할까? 지은이들은 무엇보다도 농민의 다원적 기능을 중요시
한다. 농민은 건강한 먹을거리를 생산하는 것뿐만 아니라 자
연 환경을 보호하고, 문화적 측면의 역할에도 힘써야 한다고
말한다. 또한 세계의 농민뿐만 아니라 도시인과 연대할 수
있는 구체적이고 활동적인 연대 네트워크를 만들어, 도시인
과 농민 사이의 신뢰를 회복할 수 있도록 노력해야 한다는
것이다.

　도시인들 역시 양질의 먹을거리를 위한 싸움은 농민들만
의 것이 아니라 자신의 문제라는 것을 인식해야 하며, 만일
도시의 소비자들이 농민과의 연대 의무를 등한시한다면 건
강한 먹을거리를 보장 받을 권리가 없다는 것을 알아야 한다
고 역설한다. 먹을거리의 문제에 있어서는 누구보다도 소비
자인 도시인들의 역할이 중요하며, 시민의 불복종이나 공정
무역 등을 통해 보여 주었던 시민의 결집과 적극적 행동이
요구된다는 것이다.

　마지막으로 조제 보베와 프랑수아 뒤푸르는 농민을 존중
하고 사회의 바람에 부응하는 농민 농업의 원칙을 재확인하
고, 농민 농업 원칙과 프랑스 인권 선언을 바탕으로 〈농민과
시민의 권리와 의무의 보편 선언〉이라는 농업 헌장을 제안한
다. 이것은 농민과 도시인을 연결시키는 새로운 사회 조약이
다. 농민은 긍지를 가지고 생태학적 다양성이나 영농 방식의
다양성을 존중하는 농민 농업을 지켜내고, 도시인은 행동하
는 소비자가 되어 농민 운동의 협력자로 부활할 것을 호소하
는 것이다. 이를 토대로 각국은 식량 주권, 식품의 안전성, 환

경 보전, 농업을 선택할 국민 권리의 회복을 이룰 수 있다고
단언한다.

'생태적 발자국'이라는 것이 있다. 이것은 인구의 소비
가 생태계에 미치는 영향을 토지 크기로 환산한 지표이다.
세계 각국의 지속 가능성 성취 정도를 조사하기 위해 '생태
적 발자국'을 집계하는 〈글로벌 푸트프린트 네트워크Global
Footprint Network〉의 발표에 따르면, 지속 가능한 지구 생태
계의 생산 능력은 1인당 1.8ha이지만, 현재 인류는 2.2ha의
'생태적 발자국'을 만들면서 지구의 생산 능력을 떨어뜨리
고 있다. 그런데 같은 조사 결과에 의하면 우리나라의 '생태
적 발자국'의 수치는 지구 평균을 훨씬 웃도는 3.4ha라고 한
다(중앙일보, 2004. 12. 31). 개발과 경제 성장이라는 산업 사회
의 가치관이 우리 사회를 지배하면서 주위를 돌아보지 못한
채 달려온 결과이다. 심각한 일이 아닐 수 없다. 지금까지처
럼 계속 전속력으로 달릴 것이지, 아니면 속도를 늦추고 땅
을 딛고 걸으며 자연과 조화롭게 살 길을 모색할 것인지를
선택해야 한다. 이런 점에서 이 책이 우리 사회의 식량 안보
와 안전한 먹을거리의 문제, 그리고 농민과 도시인의 역할을
다시 한 번 생각해 보는 계기가 되기를 기대해 본다.

조제 보베와 프랑수아 뒤푸르의 말처럼, 세계화의 거친
흐름 한가운데에서도 농업은 "미래의 씨앗"이며, 농업을 살
리는 것이 우리 아이들의 미래를 약속하는 길이 될 것이다.